페트병 속의 생물학

국립중앙도서관 출판시도서목록(CIP)

페트병 속의 생물학 / 엠릴 잉그램 지음 ; 김승태 옮김. — 지성사, 2004
p. ; cm

원서명 : Bottle biology
ISBN 89-7889-107-1 43470 : \8000

539.907-KDC4   CIP2004001622

페트병 속의 생물학

대표 필자 엠릴 잉그램 | 옮긴이 김승태

지성사

Writer	Mrill Ingram
Design	Lori Graham, Mrill Ingram
Illustrator	Amy Kelley
Bottle Biology	Paul Williams, John Greenler, Robin Greenler, Mrill Ingram, Lisa Kehle, David Eagan

페트병 속의 생물학

2014년 5월 2일 초판 7쇄 발행
2004년 9월 17일 초판 1쇄 발행

대표 필자 엠릴 잉그램
옮 긴 이 김승태
펴 낸 이 이원중
편집주간 김명희
편   집 김재희
디 자 인 이향란
펴 낸 곳 지성사
출판등록일 1993년 12월 9일
등록번호 제10 - 916호
주   소 (121 − 829) 서울시 은평구 진흥로 1길 4(역촌동 42-13) 송파빌딩 2층
전   화 (02) 335 - 5494∼5
팩   스 (02) 335 - 5496
홈페이지 www.jisungsa.co.kr
이 메 일 jisungsa@hanmail.net

ISBN 89 - 7889-237-7(43470)

이 책은 위스콘신대학교가 미국국립과학재단의 지원을 받아 운영 · 관리하는 생물교육프로그램을 담고 있습니다. 지성사는 위스콘신대학교로부터 이 책의 출간 승인을 받았습니다. 그러므로 이 책의 무단전재와 무단복제를 금합니다. 또한 이 책은 과학의 대중화를 위하여 한국과학문화재단이 기획했으며, 한국과학문화재단의 번역 지원을 받아 발간되었습니다.

아주 적절한 '환경교육 교과서'

최근 환경오염에 대한 우려가 현실로 나타나면서 전 세계적으로 자연환경에 대한 관심이 고조되고 있어요. 그래서 세계 각국에서는 자연환경을 보존·보호하는 데 많은 노력을 기울이고 있답니다. 이와 함께 환경 지표생물을 개발하는 한편 생태계 변화에 대해서도 장기적으로 활발히 조사하고 있어요. 각 나라들은 지역적 환경에 적합한 환경교육프로그램을 개발해 일반인들과 학생들에게 교육하고 있고요.

특히 환경 문제가 전 세계로 확산되면서 1980년대 후반 이후 국제적인 환경협약이 많이 체결되었어요. 가장 대표적인 것이 바로 1992년 브라질 리우데자네이루에서 채택된 '리우선언'이지요. 이 선언은 178국의 국가원수를 비롯해 수많은 시민단체 대표들이 지구의 환경 문제를 논의하기 위해 열린 UN 환경개발회의에서 발표되었어요.

우리나라는 그동안 일반인들이나 학생들을 대상으로 환경교육프로그램을 개발·보급해 왔지만 선진국처럼 큰 성과를 얻진 못했어요. 이런 프로그램의 개발과 발전을 위해서는 우선 생물학적, 무생물학적인 환경 구성 요소에 대해 이해해야 해요. 그러나 우리나라의 실정상 연구소의 연구진이나 전문가들만이 이런 것들을 이해할 뿐 일반인들과 학생들에게는 그럴 기회가 거의 없었어요. 이들에게 과학을 간접적으로나마 체험할 수 있게 해 주는 과학책들은 과학적 이론만을 강조하고 있어, 이해하기 어려운 경우가 많았고요.

일반인과 학생들이 생물을 포함한 자연환경을 종합적으로 이해할 수 있게 해 주는 과학책이 시급한 게 현실이지요. 그래서 우리나라 과학계에서는 이들을 교육시킬 적절한 '환경교육 교과서'의 출판을 고대해 왔어요. 이러한 교과서는 전문가뿐만 아니라 모든 이들이 자연환경과 생물을 보다 쉽게 이해할 수 있게 해 줄 거예요.

이 책은 미국의 위스콘신대학교가 미국 국립과학재단의 지원을 받아 개발한 교육프로그램으로, 1993년 출간된 이래 꾸준히 인기를 누리고 있는 실험서이자 과학 분야의 베스트셀러예요. 특히 이 책은 환경을 이해하는 도구로 재활용품을 제시하고 있어요. 페트병이나 필름통과 같은 주변에서 흔히 볼 수 있는 재활용품으로 자연환경과 생물의 행동을 관찰하는 방법을 흥미로운 그림과 함께 제시하고 있지요. 그뿐만 아니라 과학적인 원리를 자세히 설명해 주고 환경오염을 줄일 수 있는 아이디어까지 제시해 환경교육 교과서로 손색이 없어요.

이 책은 실제 자연환경을 참조하여 실험하고 주변에서 구하기 쉬운 재활용품을 실험 도구로 만들기 때문에 환경오염 방지와 생활용품의 재활용에도 기여해요. 페트병을 이용한 '과학경진대회'에 적용할 수 있는 기발한 아이디어도 제공해 주고요.

2004년 여름 옮긴이 김승태

시작

손으로, 눈으로, 코로, 입으로 그리고 마음으로 과학과 사이다 병이 만나면 무슨 일이 일어날까요? 깜짝 놀라겠지만 2ℓ의 사이다 병으로 인공위성을 만들 수 있어요. 병 안에 생태계를 만들어 자연 속에서 살고 있는 생물들의 생활을 관찰할 수도 있고 호숫가를 만들 수도 있다는 사실을 여러분 은 알고 있나요? 병 속에서 회오리바람을 만들어 낼 수도 있답니다. 혹시 병으로 초파리나 거미를 키워 본 적이 있나요? 곰팡이가 생기는 과정을 관찰해 본 적은 있나요? 병 속에 배추를 넣고 소금 물로 절여 본 적은요? 병으로 현미경이나 시계 또는 집게를 만들어 본 적은요?

이 책은 우리 주변에서 흔히 볼 수 있는 페트병(이하 '병')을 재활용하여 과학과 환경을 이해하고 배울 수 있는 방법으로 가득 찬, '아이디어 책'이에요. 모든 이들이 과학을 통해 세계를 탐험할 수 있게 쓰여졌답니다. 이 탐험은 역사, 예술, 음악 또는 다른 창조적인 분야와 결합될 수도 있어요.

쓰레기통에서 교실 안으로 여러분은 이 책에 나오는 실험 재료들을 쓰레기통이나 마당, 슈퍼마켓, 공원 또는 재활용품을 모으는 곳 등에서 쉽게 구할 수 있을 거예요. 앞으로 우리는 주변에 흔하고 돈이 들지 않는 재료들을 활용할 거예요. 그러면 여러분은 '과학이란 값비싼 실험기구로 가득 찬 실험 실에서 흰 가운을 입고 있는 과학자들만의 영역'이라는 잘못된 생각에서 자연스럽게 벗어날 수 있을 거예요.

우리는 살아가면서 우연찮게 많은 사건을 경험하게 되지요. 이 책에 대한 영감도 낙엽 더미에서 우연히 얻은 것이랍니다. 미국의 위스콘신대학교 식물병리학 교수인 폴 윌리엄스 박사는 정원의 낙엽을 긁어모으면서 '낙엽 무더기 속에서는 도대체 무슨 일이 일어나고 있을까?' 하는 의문을 품 게 되었어요. 그는 즉시 낙엽을 빈 사이다 병에 넣고 관찰하기로 했지요. 그 결과 낙엽을 분해하 는 칼럼을 만들게 되었고 이렇게 해서 '페트병 속의 생물학'이 시작되었답니다.

윌리엄스 박사는 낙엽을 넣은 병에 양배추, 흙, 식물, 사마귀 등을 계속해서 넣어 보았어요. 3년 후 그는 미국국립과학재단의 지원을 받아 그동안 병으로 실험하여 알게 된 사실들을 정리해 이 책을 쓰게 되었답니다. 이 책이 여러분이 과학을 종합적으로 이해하고, 상상력을 마음껏 펼치는 데 도움이 되었으면 해요.

> **칼럼이란?** 칼럼은 병을 의미해요. 병을 잘라 긴 실험관같이 활용하기 때문에 영어로 칼럼 이라고 표현하지요. 이제부터 칼럼이라는 단어는 여러분이 병을 이용하여 만든 환경을 의미하는 거예요.

이 책을 읽는 방법

직접 칼럼 만들어 보기 병을 자르는 일이 쉽다고는 하지만 조금은 연습을 해야 해요. 그리고 칼럼은 꼭 여러분이 직접 만들어 보세요. 그래야 어려운 점도 스스로 해결해 나가면서 더 훌륭한 칼럼을 만들 수 있답니다. 그런 다음 직접 만든 칼럼을 주위 사람들에게 보여 주세요. 그럼 여러분의 실력도 인정받을 수 있을 거예요.

조를 짜서 함께 배워 보기 여러분이 칼럼을 직접 만들어 그 안에서 일어나는 현상을 관찰하고 조사하려면 2~3명이 조를 짜서 함께하세요. 조를 짜서 과제를 해결하다 보면 자연스럽게 토론하게 되고, 그 과정에서 관찰하기에 적당한 칼럼 크기도 정할 수 있을 거예요.

충분히 토론하기 과제들은 여러분이 자연스럽게 토론하면서 해결책을 찾아가도록 구성되어 있어요. 매 장마다 과제를 풀 수 있는 많은 아이디어들이 제시되어 있으니까요. 칼럼을 만들기 전에 과제에 대해 학급 토론을 한 후 여러분 스스로 실험해 보고 싶은 주제를 결정하세요.

좋은 질문이라도 바로 답을 알려 주지 말 것! 여러분은 이 책을 통해 과학이 단순한 사실만을 지루하게 나열하는 것이 아니라 탐험의 도구임을 알게 될 거예요. 선생님이나 부모님들은 아이들이 질문할 때 바로 답을 알려 주지 마세요. 아이들에게 다시 한번 생각할 기회를 주어 해답을 스스로 찾아내게 하세요. 스스로 해결하는 습관을 길러 주세요. 이 과정은 「과학탐험 과정표」로 74쪽에 그려 놓았으니 참고하세요.

내용 발전시키기 이 책에서 다루는 내용이 전부가 아니에요. 여러분이 그 내용을 더 발전시켜야 해요. 이 책의 실험 방법들은 칼럼 재료인 병 모양에 따라 달라질 거예요. 그 방법들이 비슷하다고 너무 무시하지는 마세요. 그 방법들을 접할 때마다 항상 새로운 그 무언가를 발견하게 될 테니까요.

이 책의 실험은 누구나 할 수 있다 이 책에 나오는 실험은 유치원생부터 대학생에 이르기까지 누구나 할 수 있어요. 나이나 교육과정 등을 고려하여 다양한 주제를 다루었으니까요.

이 책은 뒤로 가면서 「수륙환경 칼럼」, 「생태 칼럼」, 「필름통의 과학」과 같이 점점 발전된 형태의 칼럼을 다루어요. 그리고 과학은 가정과 실험 계획이 중요하다는 사실을 강조하지요.

앞부분에서는 관찰과 탐구(조사)에 초점을 맞춘 「분해 칼럼」이나 「김치」와 같은 내용을 다루고 있어요. 비교적 만들기 쉬운 칼럼이지요. 만약 어린이들이 가위를 사용하는 데 익숙하지 않다면 선생님이나 부모님들이 병을 미리 잘라 주세요.

이 책은 선생님, 학부모, 학생 모두에게 필요한 책이에요. 사이다 병이 아니더라도 예기치 않은 장소에서 우연히 어떤 물건을 보고 새로운 아이디어를 떠올릴 수도 있을 거예요. 결국 이 책은 우리 주변의 폐품이나 재활용품을 이용해 과학을 체험할 수 있는 기회를 제공한답니다.

각 장의 용어들

각 장은 문제를 제기하거나 개념을 설명하는 것에서부터 시작해요. '핵심과학용어'는 모든 장의 첫 쪽에 나오는데 거기에는 토론하거나 실험 주제와 관련된 핵심적인 과학용어가 정리되어 있어요.

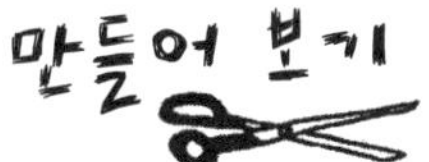

칼럼을 만드는 방법을 알려 줄 거예요. 선생님들은 이 부분을 복사해서 학생들에게 나누어 주세요. 그 종이는 현장에서 훌륭한 교과서가 된답니다.

칼럼 안에 무엇을 넣을 것이며 그것들을 어디에서 찾을지 알려 줍니다.

칼럼을 채운 후 무엇을 보고, 어떤 냄새를 맡고, 어떻게 느끼고, 무엇을 들어야 할지 가르쳐 줍니다.

각 칼럼을 이용해 실험을 해요.

실험할 때 발생하는 문제에 대처할 수 있는 방법을 알려 주며, 새로운 주제도 제시해요.

새로운 칼럼을 고안하는 데 도움을 주는 보충 설명이에요. 이 과정을 통해 책 안의 아이디어를 더욱 유용하게 활용할 수 있어요.

병에 대한 기본적인 사항

가위와 상상력 그리고 병만으로도 생물의 세계를 탐험할 수 있어요. 이 장에서는 병을 모으고 씻고 자르며 연결하는 방법을 설명할 거예요.

병의 각 부분의 명칭 병을 다루기 전에 먼저 병의 각 부분을 잘 이해해야 해요. 옆의 그림을 보세요. 병의 어깨와 허리 부분이 좁아져 있죠? 이런 부분을 이용하면 여러 개의 병을 끼워 거대한 칼럼을 만들 수 있답니다.

병의 종류 병의 모양은 아주 다양해요. 모양이 다른 병들은 서로 끼우기가 힘들어요. 그러니 칼럼을 만들 때는 가능하면 같은 모양의 병을 모아서 사용하세요. 같은 회사의 음료수 병을 사용하는 것도 좋은 방법이지요.

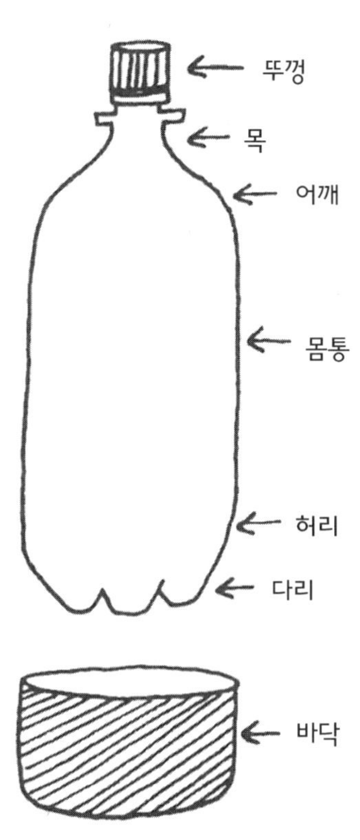

바닥이 있는 병 이 책의 실험을 하기 위해서는 똑바로 서 있을 수 있는 다리가 있거나 불투명한 색으로 된 바닥이 있는 병이 좋아요. 만약 칼럼을 만들 때 바닥이 필요하다면 다른 병의 허리 부분을 잘라서 받침대로 이용하거나 접시 또는 이와 비슷한 모양의 플라스틱 그릇을 대신 사용해도 돼요.

병 다룰 때 주의 사항 접히거나 꺾인 적이 있는 병에는 약한 부분이 있어요. 따라서 흠이 없는 병을 사용해야 튼튼하고 오래가는 칼럼을 만들 수 있답니다. 공기는 주위 온도에 따라 팽창되기도 하고 수축되기도 한다는 사실 또한 기억하세요. 그래서 밀폐된 병을 따뜻한 곳에서 차가운 곳으로 갑자기 옮기면 병이 찌그러지지요. 병을 옮길 때는 공기가 잘 통하도록 뚜껑을 열어 놓거나 느슨하게 닫아 놓는 것이 좋아요.

필요한 도구들

다음 도구들을 이용하면 이 책에 나오는 모든 형태의 칼럼을 만들 수 있어요. 그러나 이 도구들이 모두 필요한 것은 아니에요. 예를 들어, 병은 반드시 칼로만 잘라야 하는 것은 아니며, 구멍확대기가 있어야만 구멍을 더 크게 뚫을 수 있는 것은 아니랍니다. 물론 다음 도구들을 모두 갖춘다면 칼럼을 만들기가 더 쉽긴 하겠지요.

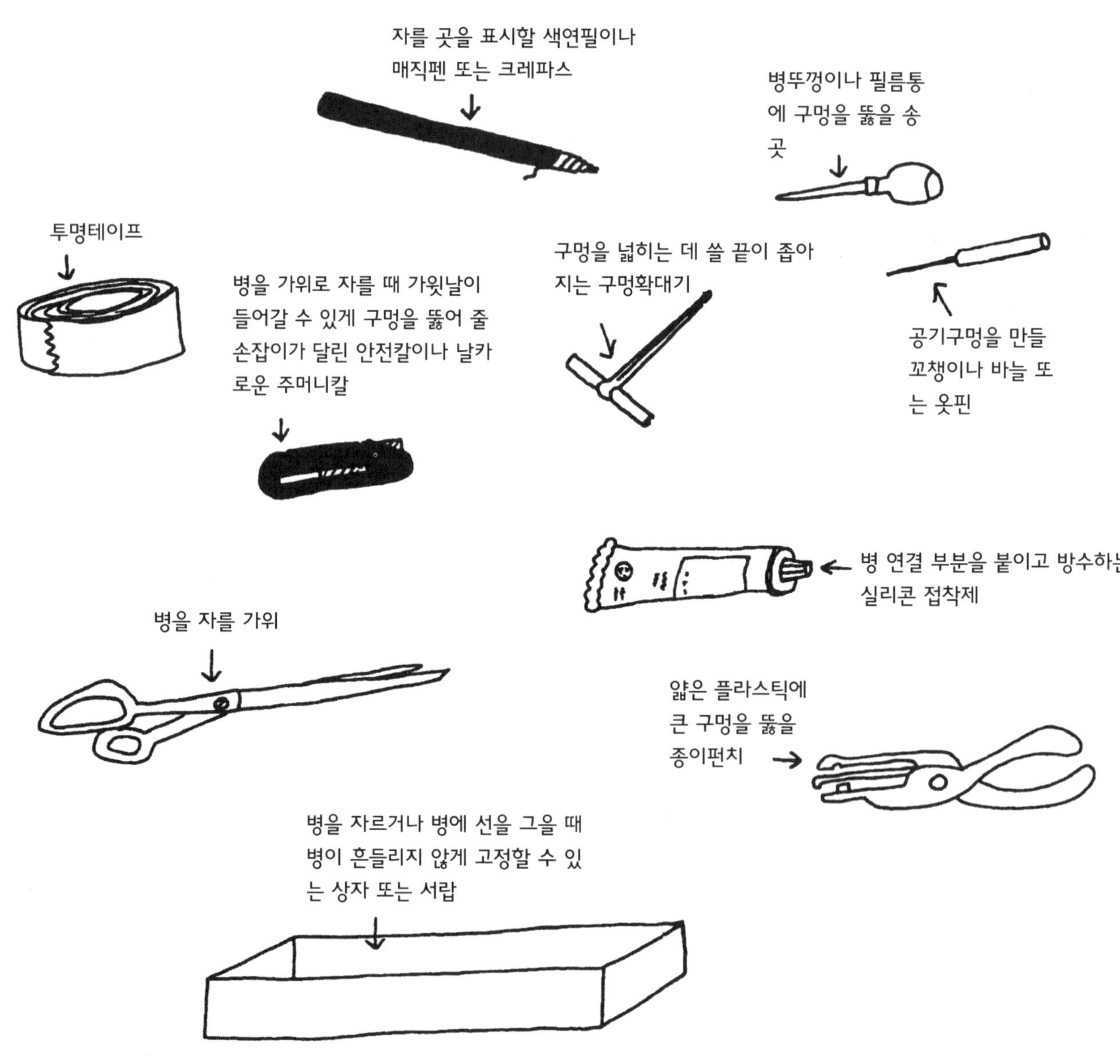

병 모으기 막상 병을 모으려면 그게 그렇게 쉽지가 않아요. 그래도 많은 병이 필요한 복잡한 칼럼을 만들려면 같은 모양의 병을 여러 개 모아야 해요. 다음과 같은 방법으로 병을 모아 보세요.

- 집에서 음료수를 마실 때 가능하면 같은 종류의 음료수를 마시고 빈 병은 버리지 말고 모아 두세요.
- 평소에 학교나 사람이 많이 모이는 장소에 병을 모을 수 있는 통을 놓아 두세요. 그러면 비교적 상태가 좋은 병을 많이 모을 수 있어요.
- 재활용품 수집 센터를 방문하여 병을 모으세요.

상표 떼고 바닥 분리하기 병의 상표나 바닥을 떼어 내야 하는 경우도 있어요. 그런데 대부분의 상표와 병 바닥은 열에 민감한 풀로 붙어 있지요.

가정에서 사용하는 헤어드라이어로 병의 상표나 바닥을 쉽게 떼어 낼 수 있어요. 일단 헤어드라이어에서 나오는 바람의 온도를 따뜻한 정도로 맞추세요. 그런 다음 헤어드라이어의 노즐에서 10cm 정도 떨어진 위치에서 병을 재빨리 위아래로 움직이면 상표 붙은 곳이 따뜻해져요. 그때 상표 끝을 부드럽게 잡아당기면 된답니다. 이렇게 하면 약 3~4초 만에 상표를 깨끗이 떼어 낼 수 있어요.

페트병은 폴리에틸렌 테레프탈레이트(PETE)가 원료예요. 이 원료는 일반적으로 화학작용을 일으키지 않는 플라스틱이지만 열을 받으면 녹아서 뒤틀어진답니다. 그래서 상표를 헤어드라이어로 뗄 때 병을 위아래로 움직여 어느 한 부분이 높은 열을 받지 않도록 하는 거예요(병이 뒤틀리거나 녹아서 쭈그러지는 것을 방지하기 위해 병뚜껑을 꼭 닫거나 병에 물을 가득 채운 후에 상표를 떼어 내야 해요).

바닥을 떼어 낼 때는 먼저 바닥 모서리에 15초 정도 열을 가하세요. 그런 후 바닥을 손으로 돌리면 떨어질 거예요. 이외에 49~65°C의 따뜻한 물을 병의 4분의 1 정도 채우는 방법이 있어요. 이때 물이 너무 뜨거우면 병이 쭈그러질 수도 있으니 주의해야 해요. 병 내부의 압력이 유지되도록 병뚜껑은 닫아야 하고요. 그래야 병이 찌그러지지 않겠지요. 그리고 풀이 붙은 곳이 따뜻해지도록 병을 기울여 주세요. 그 몇

초 후에 상표의 끝을 잡아당기면 상표가 깨끗하게 떨어집니다.

상표가 떨어지면 다시 병을 세우세요. 그러면 따뜻한 물이 병의 몸통과 바닥에 붙은 접착제를 녹여 바닥이 돌아갈 거예요. 병 속의 물이 식으면 뜨거운 물을 더 넣어 주시고요.

풀은 보통 상표를 떼어 낸 후에도 여전히 병에 남아 있기 마련이에요. 이것을 완전히 없애려면 땅콩 잼으로 풀 위를 문지르세요. 그러면 땅콩 잼의 기름기 때문에 풀이 둥글게 뭉쳐요. 그때 풀 덩어리를 손으로 뜯어내면 된답니다. 믿기지 않는다고요? 한번 해 보세요.

병의 내부를 들여다보고 싶다면 병 겉면을 비누로 조심스럽게 씻어서 말리세요. 그러면 병이 아주 깨끗해지면서 안이 더욱 선명하게 보일 거예요!

병 자르기

병을 자르는 가장 쉬운 방법은 미리 표시해 둔 선을 따라 가위로 잘라 내는 거예요. 일단 자를 곳이 결정되면 병을 빈 서랍이나 쟁반 또는 종이상자 등의 모서리에 눕히세요. 그리고 병 바닥을 맨 아래 귀퉁이에 단단히 고정하세요. 색연필로 병에 직접 선을 그으면 선이 똑바로 잘 그어지지 않을 거예요. 이때에는 반대로 색연필을 병이 있는 상자에 고정하고 병을 살살 돌려 보세요. 절단선이 삐뚤어지지 않고 정확히 그려질 거예요. 이 일은 아래 그림처럼 두 사람이 함께하면 더욱 쉽답니다.

자를 곳을 표시할 때는 색연필을 사용하세요. 문질러도 뭉개지지 않고 나중에 쉽게 지울 수 있으니까요. 그리고 선을 긋기 전에 반드시 병 표면의 물기를 말리세요. 절단선을 남겨야 할 땐 잘 지워지지 않는 매직펜을 사용하세요.

자를 곳 먼저 표시하기

병을 일단 자르고 나면 잘못 잘랐다 해도 어쩔 수 없으니 처음에 조심해서 잘라야 해요. 자를 곳을 표시하고 가윗날이 들어갈 정도로 칼집을 내세요. 그런 후 표시된 선대로 자르면 된답니다. 자를 때 가윗날은 위쪽 날이 병 안쪽에 들어가는 게 좋아요. 자른 부분이 지저분하면 가위로 그곳만 다시 다듬으면 되는데 처음 자를 때보다는 훨씬 쉬울 거예요.

병이 넘어지지 않도록 바닥을 그대로 사용할 때도 있을 거예요. 이 경우 병의 아래쪽 내부를 자세히 보고 싶다면 병의 몸통과 바

닥 사이에 가위를 끼워 넣어 위에서 아래로 한
번 자르세요. 그런 다음에는 그림처럼 바닥
의 밑면만 남기고 옆면을 잘라 내면 되
지요.

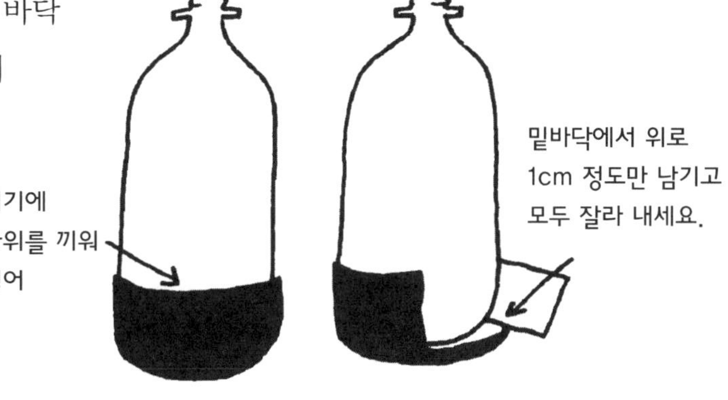

구멍 뚫기　병에 뚫을 공기구멍의 수와 모
양 그리고 크기에는 규칙이 없으
니 마음대로 만드세요. 단, 「먹이
사슬 칼럼」이나 「분해 칼럼」을 만
들 때는 그 안의 생물들이 빠져나오지 못하도록 구멍을 아주 작게 만들어야 해요. 보통은 병 안의
식물이나 곤충들이 숨 쉴 수 있도록 4~5개의 구멍을 만든답니다. 구멍의 모양은 어느 것이든 상관
이 없어요. 원한다면 아래 그림처럼 별 모양으로 만들어도 돼요.

꼬챙이로 사용할 수 있는 도구로는 바늘, 핀, 못 등이 있는데 끝에 나무나 플라스틱 손잡이가 있는
것이 사용하기에 편리하고 안전해요.

「작은 송곳 만드는 방법(18쪽 참고)」을 응용하면 바늘이나 큰 못으로도 송곳
을 만들 수 있어요. 바늘로 송곳을 만들 때는 바늘귀를 잘라 내지 말고 그대
로 사용하세요. 그리고 큰 못으로 송곳을 만들 때는 손잡이에 못을 고정하
는 것이 좋답니다. 이때 손잡이에 못을 고정할 구멍을 뚫을 때는 드릴을 이
용하여 못의 굵기보다는 작게 뚫어야 해요. 그래야 못과 손잡이가 헐거워지
지 않거든요.

송곳을 뜨겁게 달구면 구멍을 크게 뚫을 수도 있고 병의 목이나 바닥과 같이 두껍거나 단단한 플
라스틱에도 쉽게 구멍을 뚫을 수 있어요. 직경이 큰 시험관이나 유리병 입구를 실험실에서 쓰는
프로판가스토치나 분젠버너 또는 알코올램프로 가열한 후 병에 대
고 누르면 아주 큰 구멍도 쉽게 만들 수 있답니다. 불을 사용할 때
는 화재가 나거나 화상을 입을 수 있으니 특히 조심해야 해요.

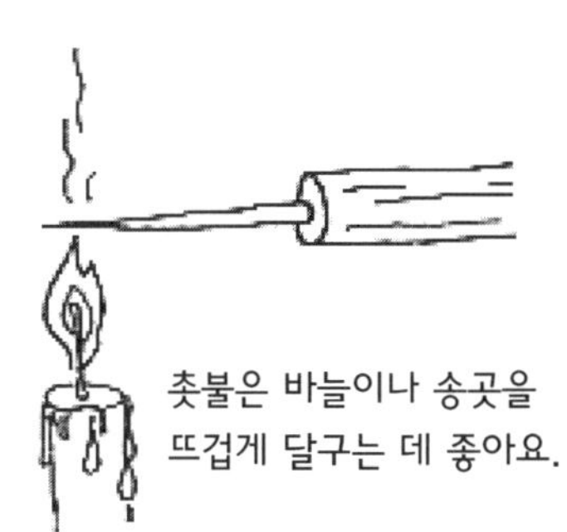

플라스틱이 녹을 때는 연기와 함께 고약한 냄새가 나니까 학급 전
체가 이 작업을 동시에 하기에는 곤란하겠지요? 참, 송곳에 열을
가하여 사용한 후에는 반드시 안전한 장소에서 식혀 줘야 해요.

보통 병이나 뚜껑에 작은 구멍을 뚫을 때 송곳을 사용하면 아주 간단해요. 송곳으로 병에 구멍을 뚫으면 작은 구멍이 만들어지는데 그 구멍 크기는 초파리가 통과할 정도예요. 송곳 끝이 매우 날카로우니 조심하세요. 송곳은 철물점이나 문방구에서 구할 수 있어요.

구멍을 넓히는 데 사용되는 구멍확대기도 철물점에 가면 구할 수 있어요. 이것을 사용하면 약 1cm 직경의 구멍도 쉽게 뚫을 수 있답니다. 구멍확대기는 보통 끝이 뭉뚝하기 때문에 바로 구멍을 뚫기는 어려워요. 그래서 송곳으로 구멍을 뚫은 다음 사용한답니다.

종이에 구멍을 뚫는 펀치로도 페트병이나 필름통에 쉽게 구멍을 뚫을 수 있어요. 펀치의 종류에 따라 구멍의 크기와 모양을 달리할 수도 있고요. 그런데 펀치로 뚫은 구멍은 아주 크기 때문에 「먹이사슬 칼럼」이나 「분해 칼럼」을 만들 때는 적합하지 않아요.

구멍을 많이 뚫어야 한다면 작은 전동드릴이나 손드릴을 사용하세요. 드릴의 날은 날카로운 나선 모양이라 드릴은 못 박을 구멍을 뚫는 데 쓰는 것이 좋아요. 보통 병의 표면이 둥글기 때문에 날이 병의 표면을 겉돌아 원하는 곳에 구멍을 뚫기 어렵기 때문이지요. 1cm 이상의 큰 구멍을 뚫을 때에는 톱날이 달린 목재용 날을 쓰는 것이 좋아요. 일단 해 보면 요령이 생길 거예요. 드릴의 날은 날카롭고 빠르게 회전하니 사용할 때 아주 조심해야 해요.

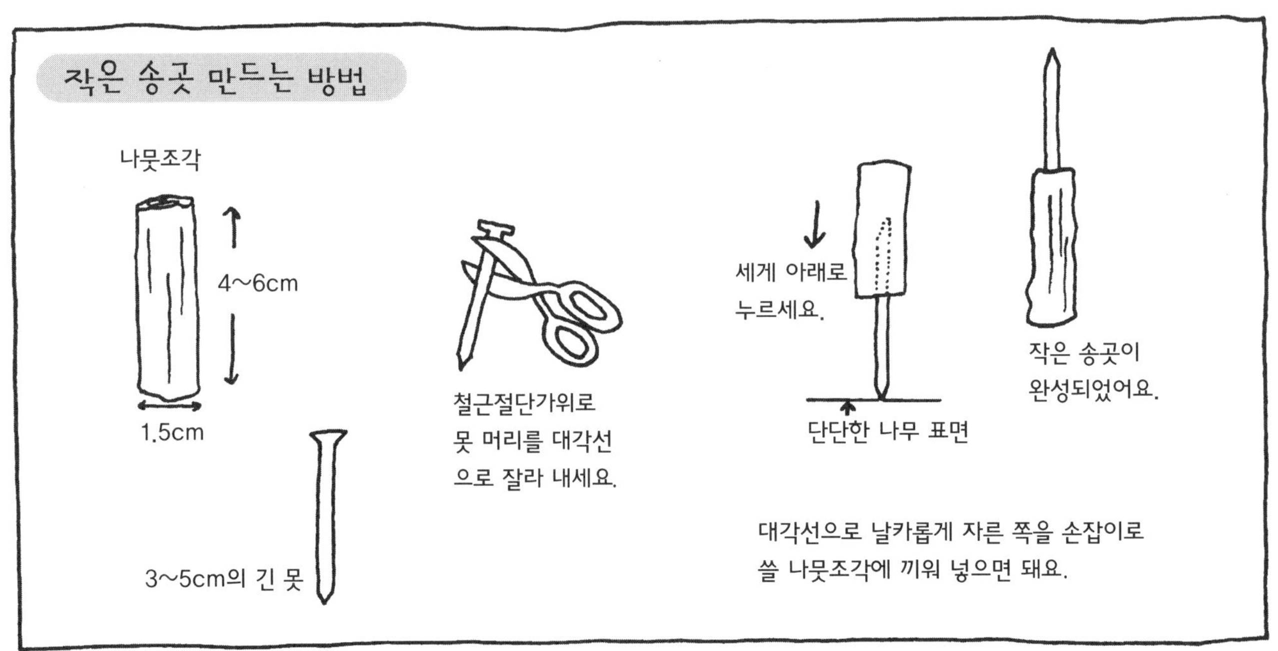

낡은 양말이나 스타킹, 방충망은 초파리도 빠져나가지 못하
게 하는 망사로 쓸 수 있어요. 적당한 크기로 잘라 양
면테이프로 병에 붙여 주기만 하면 되지요.

병 연결하기 테이프는 병을 연결하는 데 가장 좋은
재료지요. 하지만 모든 종류의 테이프가
다 좋은 것은 아니에요.

병을 연결할 때는 방수가 되는 폭이 5cm 정도인 투명한 스카
치테이프를 사용하는 게 좋아요. 가장 좋은 테이프는 비싸기
는 하지만 책을 만들 때 사용하는 두껍고 반투명한 비닐로 만
든 제본용 테이프예요.

낡은 양말이나 스타킹은 훌륭한 망사
재료가 되지요.

병끼리 연결해서 「생태 칼럼」을 만들었다면 연결 부위에서 물
이 새어 나오지 않도록 해야 해요. 방수 테이프를 사용해도 시간이 지나면 결국 물이 새어 나오기
때문에 처음부터 실리콘 접착제로 붙이는 것이 좋아요.

실리콘 접착제를 사용하는 요령은 다음과 같아요.

● 실리콘은 굳기까지 24시간 이상이 걸리는데 그 전까지는 끈적거려요. 병을 일단 붙이고 나면
설령 잘못 붙였다 하더라도 다시 떼기가 힘들지요. 그러니까 병을 붙일 때는 미리 연결하려는 부
위를 테이프로 살짝 고정해 놓고 실리콘을 사용하세요. 테이프는 실리콘
이 굳으면 떼어 내면 돼요.
● 치약처럼 생긴 튜브에 담긴 실리콘을 구입하세요. 실리콘은 방
수 효과가 뛰어나요.
● 가능한 한 실리콘은 두께가 2~3mm 이하로
얇게 바르는 것이 좋아요. 그리고 굳을 때까지
그대로 놓아 두세요.
● 실리콘 접착제를 만드는 화학물질은 건강
에 좋지 않아요. 그러니까 실리콘 접착제는 바
람이 잘 통하는 장소에서 사용하세요.

실리콘 접착제는 바람
이 잘 통하는 장소에서
사용하세요.

필름통 일반 카메라용 35mm 필름통은 우리가 하려는 실험에 아주 알맞은 재료예요. 필름통은 공기나 습기 등을 완전히 차단하기 때문에 씨앗이나 흙, 물 또는 그 밖의 중요한 재료들을 보관하기에 안성맞춤이죠. 필름통이 얼마나 간편한 실험 도구인지는 이 책의 뒷부분에서 보여 줄 거예요. 필름통을 이용한 실험은 여러분이 집에서 직접 해 볼 수 있는 몇 안 되는 실험 중 하나랍니다.

필름통은 검정색이든 투명한 것이든 상관없어요. 사진관에 가면 필름통은 언제든 쉽게 구할 수 있어요.

과학재료상 실험에 필요한 재료들은 과학 도구나 실험 재료 등을 취급하는 회사나 상점에서 살 수 있어요. 만약 지금이 겨울이라「생태 칼럼」을 채울 식물이나 곤충이 없다면 실험 재료를 소개하는 안내 책자나 카탈로그를 보고 거기에 소개된 곳에 주문하면 돼요. 식물이나 곤충뿐만 아니라 렌즈, 비료, 흙, pH 측정지, 과학책 등도 구입할 수 있답니다.

이 책에서 사용하는 식물 이 책에 사용하는 식물은 무나 배추 또는 상추처럼 빨리 자라 관찰이 쉬운 것들이에요. 화원에 가면 이런 식물들이 아주 많이 있으니 목적에 맞게 선택하면 돼요.

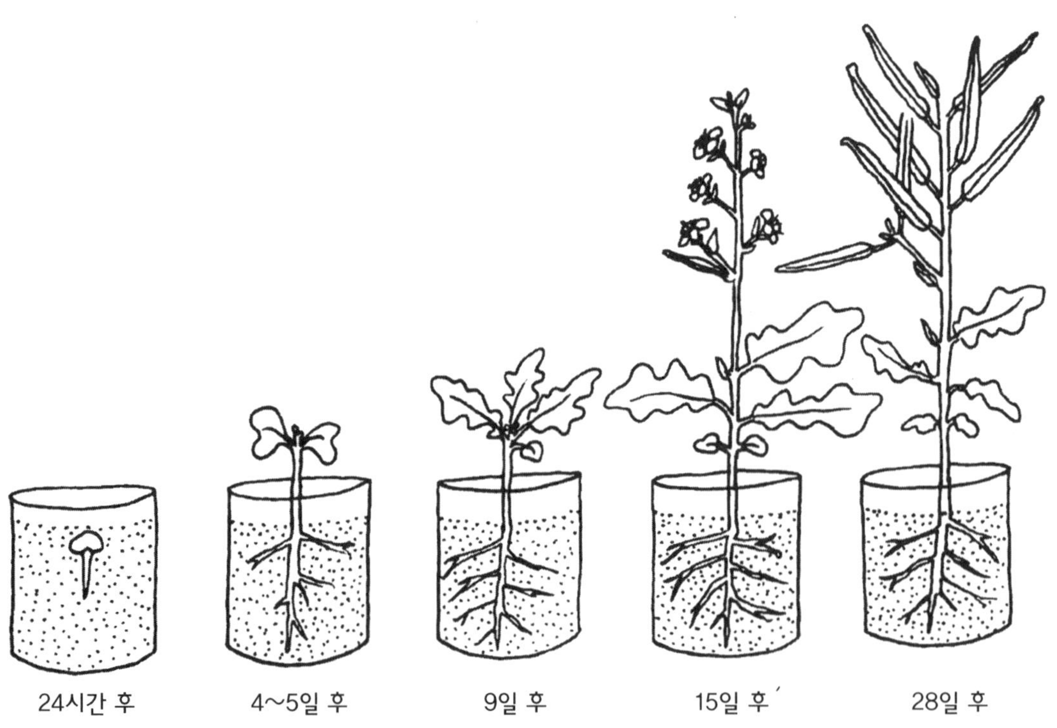

18ℓ들이 플라스틱통, 우편저울 그리고 다른 유용한 도구들 커다란 플라스틱통은 식물을 키우는 화분이나 다양한 실험 도구를 보관하는 그릇으로 쓸 수 있어요(113쪽 참고). 이런 플라스틱통은 페인트 가게나 아이스크림 가게 또는 음식점 등에서 쉽게 구할 수 있답니다. 그게 힘들면 플라스틱통 대신 큰 세제통을 사용해도 돼요.

우편저울은 액체나 100g 정도인 물체의 무게를 손쉽게 잴 수 있어요. 그리고 빨대나 스포이드 또는 뚜껑이 달린 작은 튜브는 수분 공급 장치나 측정 기구 등을 만드는 데 아주 유용하지요. 이것들은 모두 과학재료상이나 문방구 등에서 살 수 있어요.

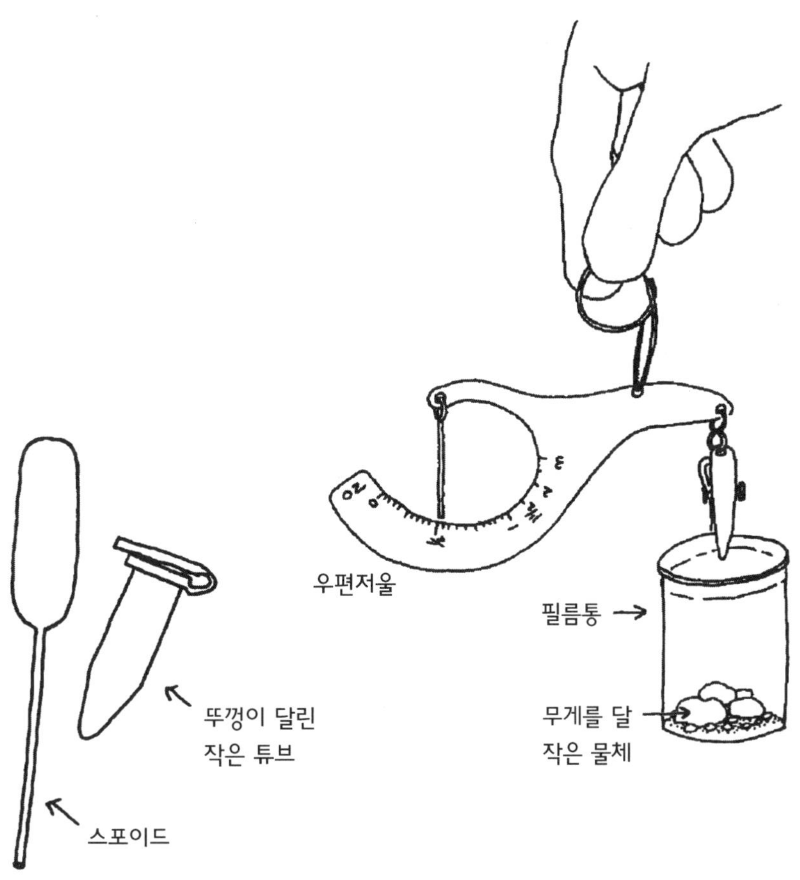

분해 칼럼

우리나라는 쓰레기 배출량이 많은 나라에 속하는데 쓰레기를 재활용할 것과 태울 것 그리고 땅에 묻을 것으로 분리해서 처리하고 있어요. 쓰레기는 환경오염의 주범이기 때문에 나라마다 쓰레기 처리 문제로 골머리를 앓고 있답니다. 효과적인 쓰레기 처리 방법 중 하나가 쓰레기를 재활용하는 것이에요. 사람들은 최근에야 비로소 쓰레기의 큰 부분을 차지하는 금속, 유리, 플라스틱 등을 재활용하기 시작했지요.

자연은 항상 '쓰레기'를 재활용해 왔고, 이 재활용된 물질들은 생물들에게 꼭 필요한 영양분이 되었지요. 자연에서 재활용을 담당하는 것은 아주 작은 세균이나 진균들로, 이들은 동식물의 분비물이나 배설물을 분해하여 다른 동식물이 활용할 수 있게 영양분으로 바꾸어 놓는답니다. 이 과정을 분해라고 하지요.

분해에는 크고 작은 모든 생물군집이 관여해요. 이들은 서로의 먹이가 되기도 하고, 서로 분비한 물질이나 배설물을 처리하기도 하며, 상대 무리의 수를 조절하며, 자신이 이용했던 물질을 다른 생물들이 이용할 수 있도록 변화시키기도 한답니다.

예를 들어 재활용을 담당하는 세균이나 진균들은 다른 미생물, 지렁이, 달팽이, 파리, 딱정벌레, 응애 등의 먹이가 되고 세균이나 진균들을 먹는 이들은 다시 더 큰 곤충이나 새들의 먹이가 되지요.

여러분은 이 칼럼을 퇴비나 쓰레기 매립장 혹은 산속의 낙엽층으로 생각할 수도 있을 거예요. 이 칼럼을 통해 다양한 물질들이 분해되는 과정을 관찰할 수 있고 습기, 공기, 온도, 빛 등이 분해에 미치는 영향 등도 확인할 수 있을 거예요.

쓰레기 매립장에서는 공기와 물기를 뺀 쓰레기들을 모두 땅속에 묻어요. 땅속에 묻힌 이 쓰레기들은 분해에 어떤 영향을 줄까요? 일회용 컵은 썩을까요? 과일 케이크나 일회용 티백에서는 어떤 일이 일어날까요? 바나나 껍질과 낙엽 중 어느 것이 더 먼저 분해될까요? 칼럼 안에 흙을 더 넣으면 그 흙은 분해 과정에 어떤 영향을 미칠까요? 분해 과정을 보고 싶지 않나요?

핵심과학용어　미생물생태학, 분해, 먹이사슬, 탄소와 질소의 순환, 재활용, 쓰레기 매립장.

분해 칼럼

1. 병에서 상표를 떼어 내세요. 병 3개가 모두 바닥이 있다면 그중 2개는 바닥을 떼어 내세요.

2. 병1은 어깨에서 2~3cm 아래를 잘라 병의 몸통을 원기둥처럼 만드세요.

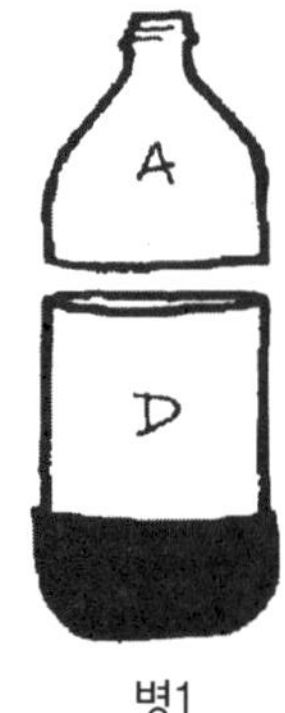

3. 병2는 어깨에서 2~3cm 위를 잘라 낸 후 다시 허리에서 2~3cm 아래를 잘라 내세요. 그러면 몸통은 위아래 양 끝부분이 약간 좁아진 원기둥이 될 거예요.

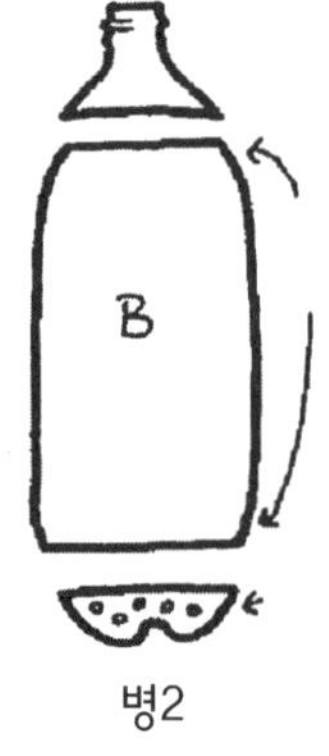

4. 병3은 허리에서 2~3cm 위쪽을 자르세요. 그러고 나서 병의 아래 끝을 옆에서 보면 아마 직선으로 보일 거예요.

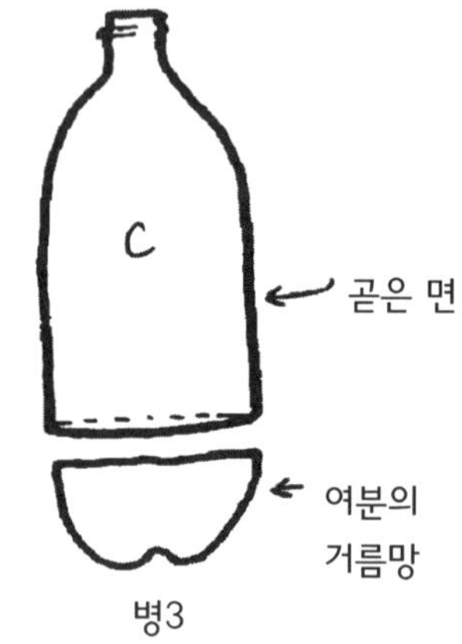

5. C를 뒤집어 D에 끼우세요. 그리고 C 위에 B를 끼우고 테이프로 단단히 붙이세요. 그런 후 B와 C에 공기구멍을 뚫으세요. 마지막으로 맨 위에 A를 얹고 A와 B를 테이프로 살짝 연결한 후 A를 열고 닫을 수 있게 하세요.

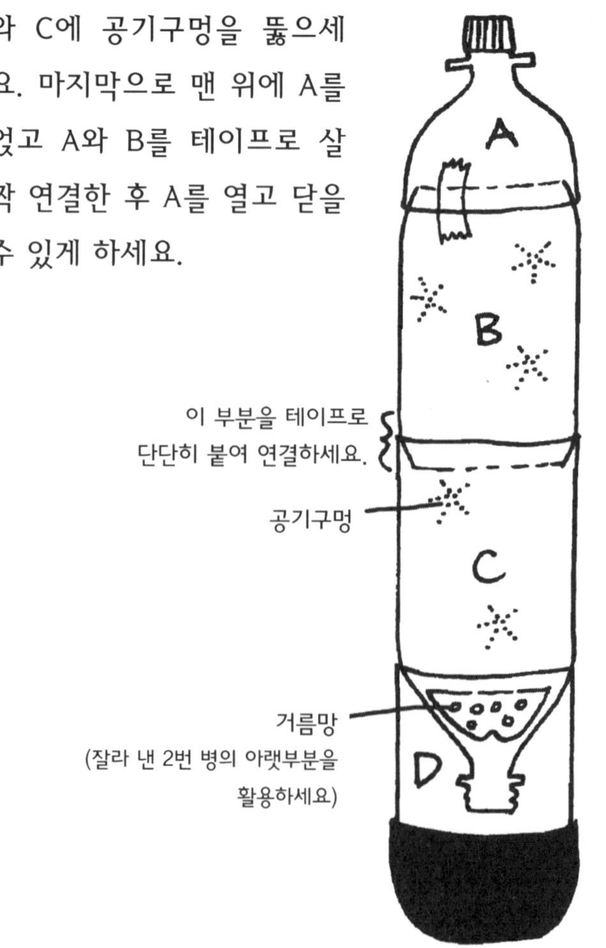

내용물

내용물 정하기 이 칼럼에 넣을 내용물로는 나뭇잎이나 풀 등의 식물, 음식물 찌꺼기, 신문, 동물의 배설물, 흙 등 무엇이든 좋아요. 내용물이 얼마나 빠르게 썩는지 알고 싶다면 2개의 칼럼을 만들어 각각에 서로 다른 종류의 나뭇잎을 넣어 주세요. 칼럼 안에 비료나 연못 물 또는 강물을 넣으세요. 온도, 빛, 습도는 분해 과정에 어떤 영향을 미칠까요?

분해 시간 관찰하기 칼럼 안에 내용물을 넣은 며칠 후에 보면 곰팡이와 다른 생물들이 내용물을 분해해 놓았을 거예요. 나뭇잎, 과일, 야채, 쌀이나 잡곡 등의 부드러운 유기물이 왕성하게 분해되는 과정을 관찰하는 데에는 2~3개월이면 충분해요(유기물이란 생물들이 분비하거나 배설한 물질을 의미해요). 나무껍질, 신문, 나뭇조각 등도 2~3개월 동안 아주 재미있는 변화를 보이는데 이것들이 완전히 분해되기까지는 더 많은 시간이 걸리죠.

습도 유지하기 내용물이 분해되게 하려면 칼럼 안을 항상 습하게 해야 해요. 그렇다고 해서 칼럼 안에 물을 너무 많이 붓지는 마세요. 그러면 칼럼 안은 공기가 줄어들어 급기야는 산소가 전혀 없는 상태에 이를 수도 있으니까요.

냄새 맡아 보기 분해가 시작되면 칼럼 안에서 어떤 냄새가 날 거예요. 이 냄새로 내용물의 분해 상태를 알 수 있답니다. 점점 달콤한 냄새가 나다가 나중에는 곰팡내가 날 거예요. 학급 전체가 이 칼럼을 만든다면 교실에 냄새가 진동해서 견디기 어렵겠죠? 그러니 선생님 지시대로 적당한 개수의 칼럼만 만드세요. 내용물 중 가장 자극적인 냄새를 피우는 것은 고기나 유제품 등의 동물성 식품이에요. 자몽 껍데기나 풀도 강한 냄새를 풍기지요. 왜 그럴까요?

음식물 찌꺼기의 경우는 거기에 잎이나 나뭇가지 그리고 마른 풀 등을 섞으면 냄새가 덜 나요. 그 위에 흙을 한 겹 덮어 주면 더 효과적이고요.

칼럼에 공기구멍 수도 늘리고 그 크기도 크게 하면 공기가 더 잘 순환돼요. 하지만 구멍은 초파리가 빠져나가지 못하도록 작게 만드세요. 그런데도 교실 안에 초파리가 들끓는다면 초파리 잡을 덫을 만드세요(60쪽 참고)! 구멍 만드는 요령은 17쪽을 참고하시고요.

관찰 결과 기록하기 칼럼 안에 내용물을 넣고 나서 주의 깊게 관찰하세요. 내용물의 색깔, 냄새, 모양 등을 노트에 기록하세요. 내용물은 칼럼 안에 넣기 전에 무게를 재 둬야 해요(123쪽 「페트병 저울」 참고).

칼럼 안의 변화를 기록하려면 최소한 일주일에 두 번은 칼럼을 관찰해야 해요. 관찰할 때마다 칼럼 안 내용물의 높이, 색깔, 모양, 냄새 등의 변화를 기록하세요. 높이 변화는 자로 재면 알 수 있고 온도는 내용물 위쪽에서 온도계로 측정하면 돼요.

자, 그럼 얼마나 변했는지 알 수 있겠지요? 이외에도 내용물에서 배어 나온 액체의 pH를 측정할 수 있고 그 액체를 생물검정(103쪽 참고) 할 수도 있어요. pH에 대한 자세한 내용은 38쪽을 보세요.

움직이는 것이 있나요? 파리, 딱정벌레, 노래기, 달팽이 같은 것들이 나타나는지 관찰해 보세요. 이 칼럼은 관찰한 현상을 여러 방법으로 설명하기에 적당한 주제예요. 칼럼 안에서 일어나는 변화를 사진으로 찍거나 그림으로 그려 비교해 보세요. 그리고 그 안에서 일어났던 일도 기록해 놓으세요. 분해되는 동안 칼럼 안에서 무슨 일이 일어날지 예상할 수 있겠어요?

꼭대기

새로 등장한 분해자들은 꼭대기로 올라가
낙엽을 뒤집고 또 뒤집는다
물이 흘러내리면 함께 흘러내리고
어두운 밑바닥 구석에서 다시 낙엽 속을 휘저으며
모두를 위해 고르게 분배한다.
그리고 그 결실을 본다.
퇴비가 되는 간절한 마음으로.

게리 스나이더의 시집 『도끼자루』(1983)에서

실험

부패의 속도 | 분해 실험

흙의 영향은? 2개의 「분해 칼럼」을 만드세요. 같은 종류의 나뭇잎을 양쪽에 똑같이 **빽빽**하지 않게 넣어 주세요. 그리고 나서 한쪽에만 정원의 흙을 125㎖ 정도 넣으세요(흙이 아니더라도 풀이나 다른 식물로도 실험할 수가 있어요).

각 칼럼에 같은 양의 연못물이나 빗물(200~400㎖)을 부어 주세요. 그리고 몇 시간 후 물이 잘 스며들었는지 확인해 보세요. 칼럼 맨 밑바닥에 물이 125㎖ 정도 고일 때까지 물을 충분히 부어 주세요. 이렇게 고인 물은 정기적으로 다시 칼럼 안에 부어 주어야 하니 계획도 세워야겠죠? 물은 항상 밑바닥에 고인 물을 부어 주어야 해요. 정원 흙을 넣은 칼럼과 그렇지 않은 칼럼 중 어느 쪽이 더 빨리 분해될까요? 또 그 이유는 무엇일까요?

칼럼 안에 정기적으로 물을 부어 주세요.

색다른 분해 칼럼 만들기

짐 리델 선생님 반 학생들은 「분해 칼럼」을 만들었어요. 어떤 학생들은 산성비의 영향을 보려고 자신들의 칼럼에 식초를 부었지요.

또 다른 학생들은 다른 용액을 사용해 보기도 하였는데, 그 중에는 토마토 주스와 설탕물도 있었답니다.

썩는 것들은 무엇인가?

분해는 수많은 아주 작은 생물들이 일으키는 현상이에요. 칼럼 안의 분해 과정은 세균이나 진균이 얼마나 많이 살고 있느냐에 따라 달라져요. 세균이나 진균들은 빛, 온도, 습기와 같은 환경 요소들과 결합하면서 칼럼 안에서 변화를 일으키는데 이들의 수가 변화에 큰 영향을 미친답니다.

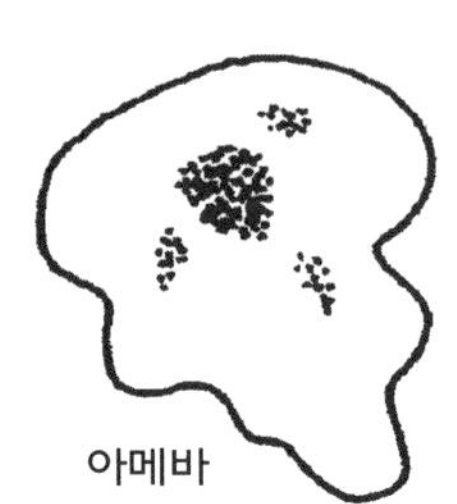

아메바

먼저 세균이나 진균들은 흙 속에서 당, 탄수화물, 단백질로 이루어진 음식물 부스러기를 분해해요. 그러면서 주변 환경을 서서히 바꾸어 놓지요. 예를 들어, 이들은 분해 과정에서 열을 발생시키고 pH를 변화시키며 산소를 소비해요. 그러다 보면 칼럼 안의 식물은 검게 말라 가지요. 이런 현상을 통해 칼럼 안의 변화를 관찰할 수 있답니다.

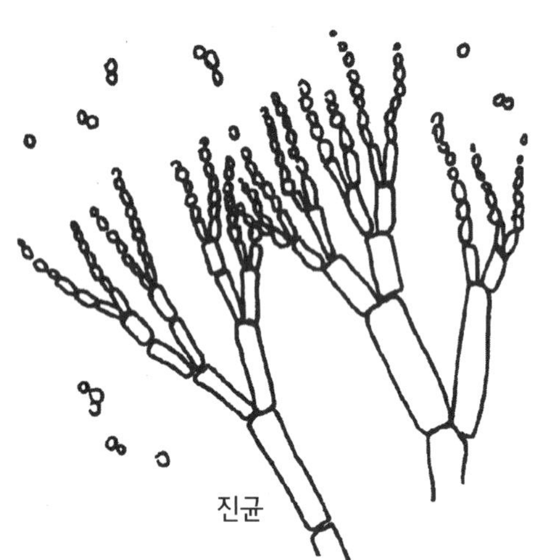

진균

세균이나 진균들이 환경을 변화시킴에 따라 이 환경을 좋아하는, 경쟁 관계에 있는 다른 미생물들도 나타나게 되지요. 생물 용어 중에 '천이' 라는 것이 있는데 이것은 세균이나 진균과 같이 처음 나타난 생물이 환경을 바꾸고 나면 이들이 사라지는 대신 다른 생물이 나타나는 것을 말해요.

예를 들어, 칼럼 안에서 어떤 세균이 번성하여 pH가 변하고 온도가 올라갔다고 상상해 보세요. 그 환경은 높은 온도를 좋아하는 다른 세균들을 번식하게 할 거예요. 그러다가 마침내 이들은 처음에 나타난 세균을 몰아 내겠지요.

「분해 칼럼」은 내용물의 부패 과정을 아주 생생하게 보여 줄 거예요. 처음에는 흰 솜털 같은 것이 나타나 며칠 동안 칼럼을 가득 채우고 있다가 갑자기 사라져요. 그러고는 곧 어두운 색의 솜털이 칼럼의 한 면을 타고 올라오지요. 오렌지색의 가느다란 것이 나타나 부패한 나뭇가지를 따라 서서히 움직이기도 해요. 여러분은 미생물이 아닌 초파리나 응애, 노래기 등도 볼 수 있을 거예요.

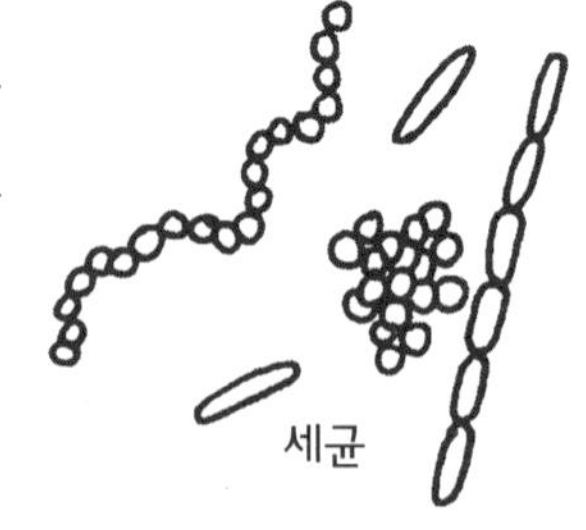

세균

죽거나 부패한 것을 주로 먹는 세균, 진균, 조류를 비롯한 원생동물들을 식시성생물(시체를 먹는 생물)이라고 해요. 이들은 보통 먹이에 효소를 분비해요. 효소는 생화학적인 물질로, 분해자들이 먹이를 소화할 수 있게 먹이가 분해되도록 해 주지요. 숲 속의 썩은 통나무는 식시성생물들이 분비한 효소의 작용을 확인할 수 있는 좋은 자료가 된답니다.

세균은 토양 속에 있는 분해자 중 그 수가 가장 많아요. 비옥한 토양 1g 속에는 약 100~1,000마리의 세균이 살고 있지요. 둥근 점 모양으로 군집을 이루는 세균은 몸 색깔도 다양해 흰색, 연노란색, 갈색 등을 띤답니다. 어떤 세균은 냄새로 구분할 수 있는데 그중에 방선균이라는 것이 있어요. 이놈들은 밭을 갈아엎거나 가뭄 끝에 단비가 내릴 때 구수한 흙 냄새를 풍기지요.

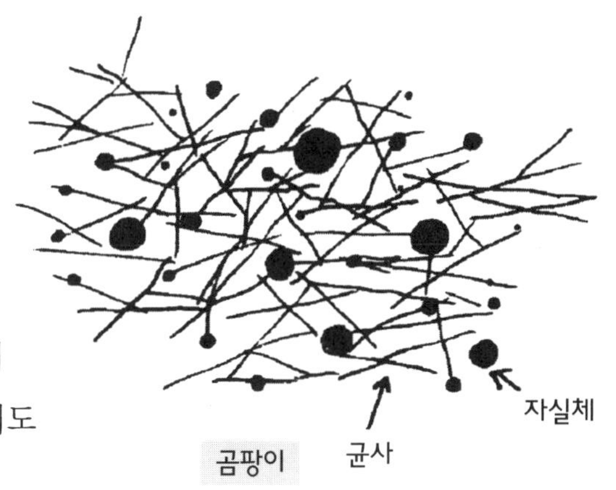

진균은 곰팡이 일종으로 솜털로 만든 담요처럼 생겼어요. 칼럼 안에서 썩어 가는 내용물을 뒤덮고 있는 것들이 바로 진균이랍니다. 진균은 가는 실이 뒤엉킨 것 같은 기관, 즉 균사를 가지고 있어요. 자세히 관찰해 보면 균사 사이에는 점 같은 것들이 있을 거예요. 이 점들은 자실체라 하는데 진균의 포자를 방출하는 기관이지요. 빵이나 과일 등의 음식물이 썩을 때 흔히 볼 수 있는 곰팡이도 검은 점이 박힌 목화솜 같아요.

점균은 세균 등의 미생물을 먹는 '미생물'이에요. 푸딩 덩어리처럼 보이는 이들은 빛을 따라 이동해요. 달팽이가 흔적을 남기고 지나가는 것처럼 지나간 자리에 흔적을 남기죠. 그리고 자실체를 많이 만드는데, 어떤 것은 작은 버섯 모양이랍니다.

조류는 칼럼 안의 축축한 가지나 흙의 표면에 초록빛으로 나타나는 것들이에요. 여러분은 바다나 호수, 물고기를 담는 낚시통 등에서 조류의 일종인 해캄을 본 적이 있을 거예요.

원생생물은 분해에 참여하는 또 다른 생물이에요. 크기나 모양, 이동하는 모습이 불규칙하고 다양한 아메바와 같은 단세포생물이지요. 썩는 물질에 물을 조금 넣어 현미경으로 관찰해 보세요. 원생생물이 헤엄치고 있는 모습을 볼 수 있을 거예요.

지금까지 말한 생물들은 현미경으로밖에 볼 수 없지만, 분해는 눈으로도 확인할 수 있는 놀라운 현상이랍니다. 「분해 칼럼」을 만들어 관찰해 보면 아주 다양한 미생물들의 활동과 생활에 대해 알 수 있어요. 세균, 진균, 조류 등의 원생생물은 눈에 보이지 않을 정도로 작은 생물체이지만 생태계에 분해라는 큰 변화를 일으키지요.

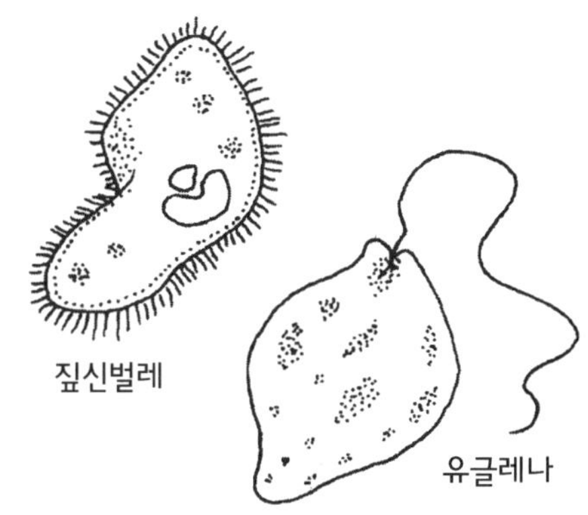

지렁이가 하는 분해

지렁이도 식물체를 분해하는 데 중요한 역할을 하며 토양을 비옥하게 해요. 지렁이는 낙엽이나 살아 있는 식물을 먹어요. 땅을 비옥하게 만드는 것은 지렁이의 배설물이에요. 지렁이가 땅속으로 파고들어 가면 나뭇잎이나 다른 영양 물질도 딸려 들어가고 이때 땅 깊은 곳의 흙이 위로 올라오지요. 이렇게 되면 땅속 깊은 곳까지 공기가 들어가게 되고 물도 잘 흘러들어 식물의 뿌리가 잘 자랄 수 있답니다. 「지렁이 칼럼」을 만들어 지렁이의 놀라운 활동을 관찰해 보세요.

지렁이는 식물 부스러기 안에 살기도 하고 땅속 깊은 곳에 살기도 한답니다. 칼럼에 넣을 지렁이는 붉은지렁이가 가장 좋아요. 붉은지렁이는 많은 양의 유기물을 소비하고 잘 죽지도 않으며 새끼도 빨리 낳으니까요. 이 지렁이는 낙엽층, 퇴비 또는 건초 더미에서 발견되는데 우리 주변에서 흔히 볼 수 있는 종류는 아니에요. 하지만 낚시점에 가면 쉽게 구할 수 있어요. 낚시 미끼용으로 쓰이거든요.

만들어 보기
지렁이 칼럼

1. 병의 상표를 떼어 내고 병 입구에서 10cm 정도 아래를 잘라 내세요. 병에 바닥이 있으면 밑면만 남기고 옆면은 잘라 내세요. 그리고 다른 병에서 떼어 낸 바닥이나 뚜껑으로 쓸 만한 다른 플라스틱 그릇을 준비하세요.

3. 갈색 종이를 잘라 병에 감는데 종이는 병 길이보다 4cm 정도 길게 자르세요. 종이를 병에 감아 서로 맞닿는 부분에 테이프를 살짝 붙여 쉽게 열어 볼 수 있도록 하세요. 지렁이는 어두운 장소를 좋아하니까 지렁이를 관찰하지 않을 때는 병에 항상 갈색 종이를 감아 놓으세요. 아니면 병을 빛이 없는 어두운 장소에 두어도 괜찮아요.

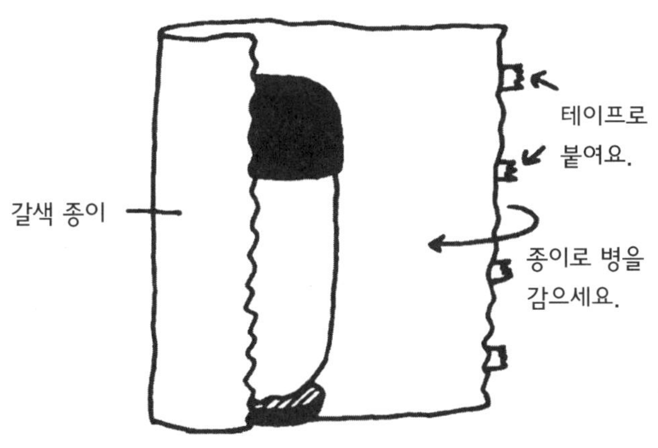

2. 물이 잘 빠지도록 바닥 근처에 직경 5mm 정도의 구멍을 뚫으세요. 그리고 직경 3mm 정도의 공기구멍을 8개씩 두 줄로 뚫으세요(17쪽 「구멍 뚫기」 참고).

지렁이 집

신문지로 지렁이 집 만들기 8~10장의 신문지를 각각 0.5cm 정도의 폭으로 길게 자른 후 그것을 다시 반으로 잘라 칼럼에 사용할 지렁이 집을 만드세요.

지렁이는 피부로 호흡하기 때문에 습한 환경을 좋아해요. 그러니까 400~600㎖의 물을 지렁이 집에 뿌려 주세요. 그런 다음에는 집이 잘 만들어지도록 다듬고 그곳에 약간의 흙을 넣어 주세요. 그러면 토양 속에 사는 미생물이 지렁이 집이 될 신문지를 분해시킬 거예요.

지렁이 집은 칼럼의 3분의 2 정도만 차게 만들어 넣으세요. 지렁이는 중성이나 약한 염기성(pH 6.5~8.5)을 좋아해요. 만약 집의 pH가 산성이면 칼럼에 잘게 부순 계란 껍질이나 석회가루를 넣으면 돼요. 집은 어떤 재료로 만들어도 상관없지만 항상 습해야 한다는 사실만 명심하세요. 그렇다고 집이 잠길 정도로 물을 많이 넣으면 안 돼요. 칼럼 안에 집을 만든 후 15~20마리의 지렁이를 넣으세요. 그러면 지렁이는 자신들의 집으로 흩어질 거예요.

온도 칼럼 온도는 20~25°C를 유지하세요. 아마 그냥 실내에 두면 될 거예요.

먹이 지렁이는 신문지에만 의존해서 살 수 없어요! 3~4일 간격으로 음식물 찌꺼기나 나뭇잎 등의 유기질 먹이를 넣어 주어야 한답니다. 지렁이는 근육이 잘 발달된 입으로 먹이를 빨아 삼키기 때문에 먹이는 1~2cm 정도의 축축한 것이 좋아요. 먹이를 집 위에 놓고 그 위에 또 1~2cm 높이로 축축하게 집을 더 만들어 덮어 주세요.

주의 지렁이는 며칠에 한 번씩 자기 몸집의 2~3배나 되는 양의 먹이를 먹어요. 이 양은 지렁이 15~20 마리가 약 70~100g의 먹이를 먹는 것과 같아요.

지렁이는 병 속에서도 잘 자라지만 오랫동안 많이 키우려면 18ℓ들이 플라스틱통이나 다른 커다란 그릇에 넣는 것이 좋아요.

손드릴이나 전동드릴을 이용하면 물이 빠지는 구멍이나 공기구멍을 더욱 쉽게 뚫을 수 있어요. 구멍은 직경 1cm 정도로 뚫으세요. 집은 통의 절반 정도만 차게 만들어 넣고 항상 뚜껑을 덮어 그 안을 촉촉하게 해 주세요.

김치

오이피클은 어떻게 만들까요? 요구르트는요? 치즈에 난 구멍은 어떻게 생겨났을까요? 또 피자를 만드는 밀가루 반죽인 도우는 어떻게 만들까요?

이와 관련된 모든 의문은 발효와 관계가 있어요. 사람들은 많은 양의 음식을 만들어 오래 보관할 때 발효를 이용하지요.

발효는 이스트 같은 진균이나 세균의 활동 결과예요. 이런 미생물들은 당과 같은 복잡한 물질을 이산화탄소나 알코올과 같은 단순한 물질로 분해하지요. 이렇게 분해되어 단순해진 물질은 음식물을 썩히는 미생물들에게는 독약이에요. 이처럼 이스트 같은 생물들은 음식물 속에서 천연 방부제 역할을 한답니다.

김치를 냉장고에 넣기 전에 발효시키는 것은 오래 보관하기 위해서지요. 만리장성을 쌓은 중국 사람들은 포도주로 발효시킨 배추를 먹었답니다.
칭기즈 칸 군대는 12세기 동유럽을 침공할 때 소금에 절인 음식을 가지고 원정을 갔어요. 18세기 초에 영국 해군은 괴혈병을 막기 위해 비타민 C가 풍부한 절인 배추를 먹었고요.

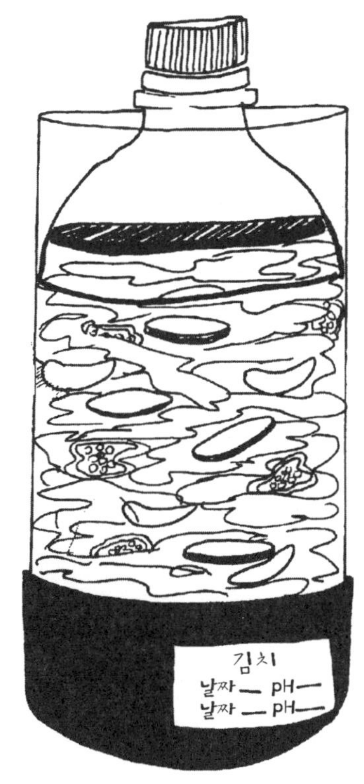

김치는 우리의 전통적인 발효 식품이에요. 우리나라 사람이라면 누구나 일년 내내 매운 김치를 먹는데, 김치에는 비타민 B와 C가 아주 풍부해요.

독일에서도 그들만의 전통적인 방법으로 배추를 절여 먹는데, 이를 '사우어크라우트'라고 해요. 이것은 우리의 김치보다는 덜 맵답니다.

「발효 칼럼」을 만들어 배추를 절여 보세요. 그러면 발효에 관한 많은 것을 배울 수 있을 거예요. 여러분이 만든 김치를 맛볼 수도 있고요.

핵심과학용어

문화적 관습, 음식물 보관, 혐기적(공기가 없는 상태의) 발효, 미생물생태학(젖산균), pH, 화학.

발효 칼럼

1. 병의 상표를 떼어 내세요.

2. 병의 어깨에서 1cm 아래를 잘라 내세요.

3. 배추, 마늘, 고추 등을 조금씩 넣고 소금을 뿌리세요. 병이 가득 찰 때까지 이런 식의 작업을 반복한 후에 소금이 고르게 퍼져 배추의 숨이 죽도록 플라스틱 뚜껑을 덮고 단단히 누르세요.

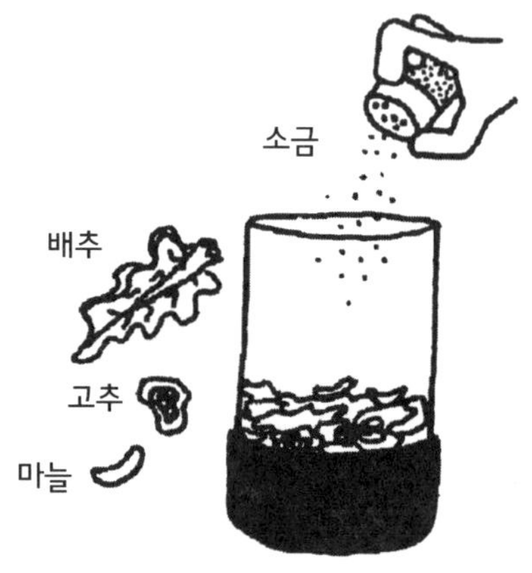

4. 1~2시간 간격으로 칼럼 안의 뚜껑을 눌러 주세요. 마요네즈나 잼 병 등과 같이 약간 무게가 나가는 것이나 빈 병에 물을 채워 올려 놓으면 더 낫죠.

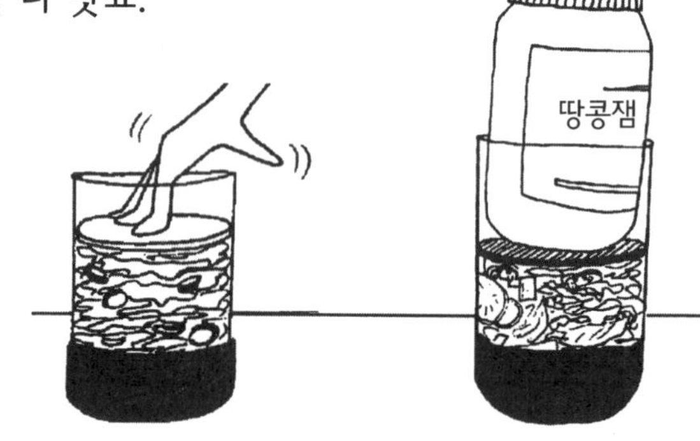

5. 몇 시간 뒤에 보면 배추의 높이는 병의 약 2/3~1/2로 줄어들어 있을 거예요. 이제 잘라 놓았던 병의 윗부분을 칼럼 안에 넣어 뚜껑으로 이용하세요. 이 뚜껑을 꼭꼭 누르면 뚜껑 아래에 있던 공기가 모두 빠져 나가고 배추는 소금물에 완전히 잠길 거예요. 4번 상태로 계속 있어도 되고요.
칼럼 안의 pH가 3.5 정도까지 떨어지면(3일~2주) 김치가 다 된 거랍니다.

절이기 발효는 수많은 미생물들이 활동해 일어나는 현상이에요. 이들은 현미경으로만 볼 수 있지만 이들의 활동은 맛과 냄새뿐만 아니라 눈으로도 확인할 수 있답니다.

매일 칼럼 안의 뚜껑을 눌러 주어야 배추가 계속 소금물에 잠겨 있을 수 있어요. 배추가 직접 공기 중에 노출되지 않도록 하세요. 여러분은 배추를 발효시키기 위해 공기가 없는 환경에서 사는 미생물을 기르고 있는 거니까요. 이들은 산소가 없는 곳이라야 잘 자라고 활동한답니다. 배추 위의 뚜껑을 눌러 주면 소금물 표면에 이산화탄소가 방울방울 맺히는 것을 볼 수 있어요. 그런데 이 이산화탄소들은 어디서 생겼을까요?

여럿이 돌아가며 눌러 주면 힘들지 않아요.

절이는 시간 배추는 온도에 따라 빠르면 3일, 늦어도 2주 후면 완전히 발효되지요. 따뜻한 곳에 둘수록 더 빨리 발효돼요. 만약 교실 안의 온도가 25°C 이상이라면 약 4일 후면 김치가 된답니다.

pH 측정지(38쪽 참고)로 매일 소금물의 산성도를 측정하세요. 종이테이프에 날짜와 pH를 기록하여 칼럼에 붙여 놓으면 변화 과정을 한눈에 알 수 있어요(pH 변화 그래프를 그려 보세요. 그래프를 그리는 방법은 41쪽 참고).

소금물의 pH가 3.5~6.5 정도로 떨어지면 김치를 맛볼 수 있어요. 김치를 맛보려고 뚜껑을 열면 김치 안에 공기가 들어가는데 이때 미생물들도 들어가요. 그러니까 김치를 오래 먹으려면 미생물들이 활동하지 못하도록 냉장고에 보관해야 해요. 김치에 곰팡이가 피었다면 먹지 마세요.

병 1개면 약 20명이 김치를 맛볼 수 있어요.

김치 맛보기 김치에서 마늘과 고추 냄새를 구별해 낼 수 있나요? 이들의 냄새는 시간이 지나면서 어떻게 변했을까요? 김치에서 고추와 마늘 맛이 나나요? 생강이나 무 또는 고추와 마늘의 양을 조절해서 김치 맛을 다르게 낼 수도 있답니다.

산과 염기 | pH 측정지 만들기

pH란? 산과 염기는 우리가 일상생활에서 사용하는 많은 물건에 들어 있어요. 예를 들어 염기는 비누나 세제 등을 만드는 재료예요. 우리가 매일 먹는 음식물은 대개 약한 산성을 띠고요. pH는 수소이온 농도라고도 해요.

pH 측정지는 산과 염기의 정도를 측정하는 종이로 과학재료상에서 쉽게 살 수 있어요. 그렇지만 붉은양배추 주스로 pH 측정지를 직접 만들어 「발효 칼럼」 안의 pH 변화를 측정할 수도 있답니다.

산 · 염기 측정지 만들기 믹서에 두 컵 분량의 잘게 썬 붉은양배추 잎과 물 한 컵을 넣어 가세요. 잘게 썬 붉은양배추에서 진한 자주색 액체가 나올 때까지 5분 정도 끓이는 방법도 있어요. 두 경우 모두 여러분이 측정하려는 재료가 함유한 산과 염기의 양에 따라 그 색이 변할 거예요.

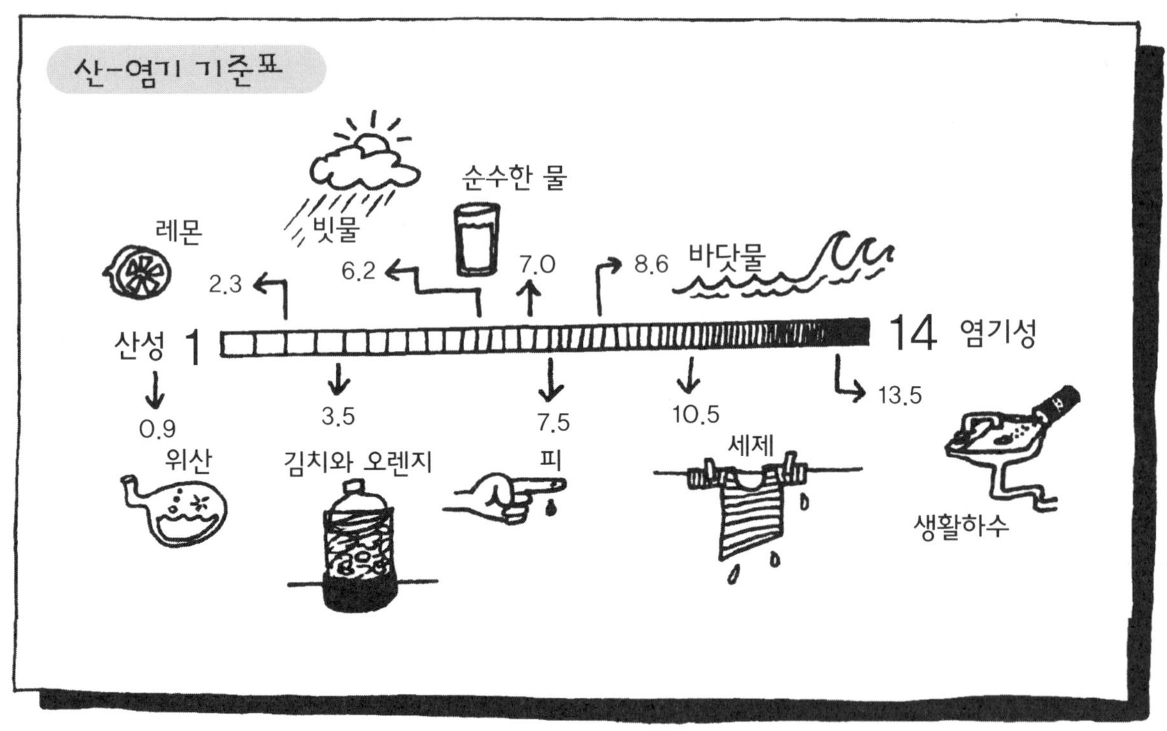

측정하려는 재료에 이 배추 용액을 10방울(약 1티스푼)
정도 떨어뜨려 보세요. 산성인 식초는 색깔이 어떻게
변하나요? 염기성인 베이킹파우더는요?

또 배추 용액으로 다양한 재료의 pH를 측정하여 그 재
료가 내는 색깔에 따라 기준표를 만들어 보세요. 그런
후 옆의 그림과 비교해 보세요.

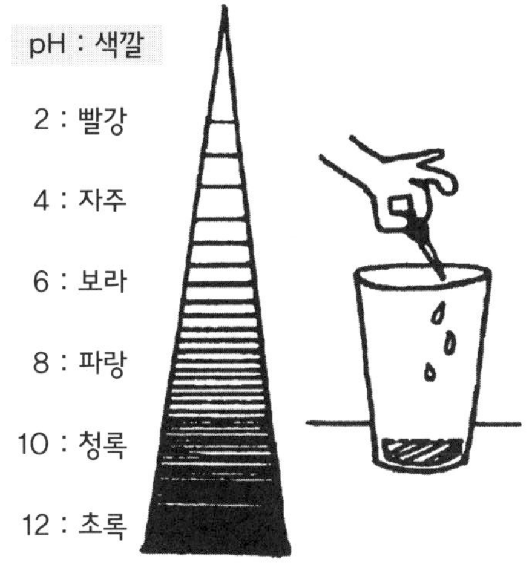

흰 종이나 종이타월, 원두커피 필터 등을 이 배추 용액
에 담갔다가 이것들이 자주색으로 변하면 꺼내어 말리
세요. 그러면 이것들도 pH 측정지로 사용할 수 있어
요. 이 측정지들을 이용하여 여러 재료를 측정해 보고 그 결과를 여러분이 만들었던 pH 기준표와
비교해 보세요.

소금의 역할은 무엇인가? | 김치 안의 삼투압과 밀도 변화

삼투압 배춧잎에 소금을 뿌리고 눌러 주면 배춧잎의 숨이 죽으면서
병 안에 액체가 고이는 것을 볼 수 있어요. 도대체 무슨
일이 일어난 것일까요? 그리고 그 액체는 무엇일까
요? 액체는 바로 배춧잎을 구성하는 세포 안의 액
체가 소금에 반응하여 세포 밖으로 배어 나온 거
랍니다. 이런 현상을 삼투압이라고 하지요.

삼투압이란 세포막을 사이에 둔 두 용액이 자기
안에 녹아 있는 물질(이 경우엔 소금)의 농도와
상대방의 농도가 같아지도록 세포막을 통해 서
로 이동하는 것이에요.

배춧잎에 소금을 뿌릴 때 잎 바깥쪽에는 많이, 안쪽은 적게 뿌려 보세요. 그러면 배춧잎은 바깥쪽과 소금 농도를 같게 하려고 안쪽에서 세포막을 통해 물을 내보내요. 바깥쪽과 소금의 농도가 같아지거나 세포에서 물이 완전히 빠질 때까지 계속해서 물을 내보내지요.

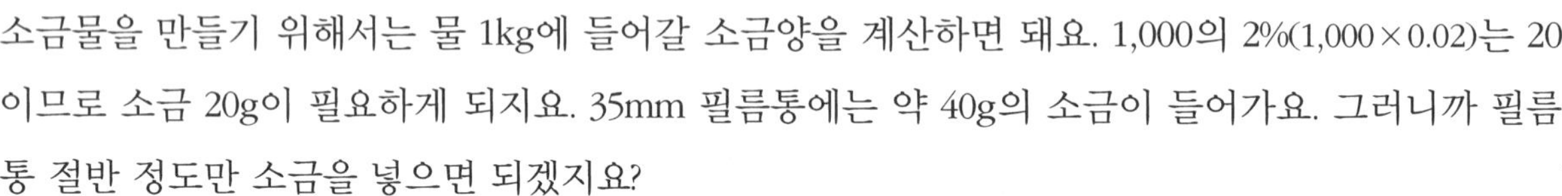

2% 용액 사람들은 보통 2%의 소금물로 배추를 절여요. 그렇다면 배춧잎이 가득 든 2ℓ의 병에는 소금을 얼마나 넣어야 할까요?

2ℓ 병을 가득 채운 배춧잎의 무게가 대략 1kg(1,000g)이라고 가정해 보세요. 배추의 95%는 물이므로 2%의 소금물을 만들기 위해서는 물 1kg에 들어갈 소금양을 계산하면 돼요. 1,000의 2%(1,000×0.02)는 20이므로 소금 20g이 필요하게 되지요. 35mm 필름통에는 약 40g의 소금이 들어가요. 그러니까 필름통 절반 정도만 소금을 넣으면 되겠지요?

밀도 변화 병에 배추를 채우고 나서 몇 시간 후에 보면 배춧잎 높이가 반 정도로 줄어들어 있을 거예요. 병의 무게는 한결같지만 병 안의 밀도는 변해 있어요. 밀도는 어떻게 측정할 수 있을까요?

2ℓ 병을 배춧잎으로 가득 채우면 대략 1kg이 돼요. 밀도는 질량을 부피로 나눈 값(질량/부피)이므로 배추 1kg의 처음 밀도는 1/2이에요.

그러나 삼투압 현상으로 배추의 높이는 반으로 줄어들어요. 다시 말해 부피가 1ℓ로 줄어드는 거지요. 그러면 밀도는 1이 되겠지요? 병은 그대로지만 밀도는 두 배가 된 것이지요.

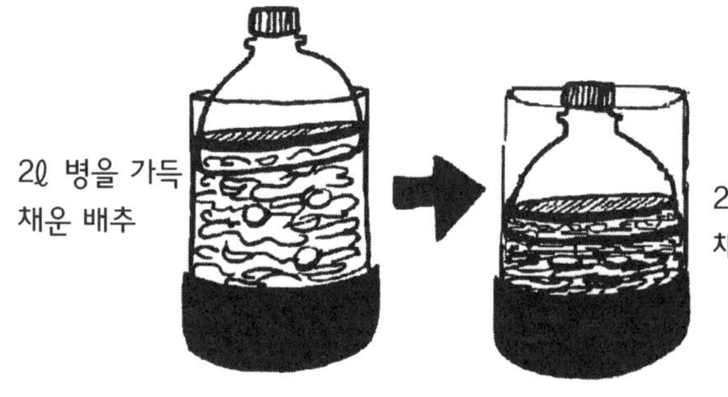

배추의 밀도 변화

발효에 대하여

유익한 미생물과 해로운 미생물

우리 주변에는 나쁜 미생물도 있어요. 이들을 우리는 '병원균'이라고도 부르지요. 그럼에도 불구하고 우리는 작게는 먹는 식품의 생산부터 크게는 생태계의 에너지 순환에 이르기까지 매일 미생물에 의지하여 살고 있답니다.

먼저 젖산균을 만나 볼까요? 이미 잘 알려진 이 미생물은 유제품을 비롯해 과일, 야채 등 많은 음식물 속에서 살고 있어요. 이들은 대부분 우유를 요구르트로 바꿀 수 있는 능력을 가지고 있으며 사람에게는 전혀 해롭지 않아요. 요구르트뿐만 아니라 치즈, 버터, 간장이나 김치 등을 만드는 데도 젖산균을 이용할 수 있어요.

젖산균은 공기를 싫어하는 생물이에요. 즉 산소가 없는 환경에서 잘 자라요. 산소가 있어도 죽지는 않지만 그 대신 성장이 아주 더디답니다.

김치 담글 때는 칼럼 안의 배추에 소금을 뿌려 배추의 세포에서 물과 당분이 잘 빠져나오도록 하여 젖산균이 활동하기 좋은 환경을 만들어 주세요. 배추가 소금물에 잠기도록 하는 것은 바로 젖산균이 좋아하는 산소가 없는 환경을 만들어 주기 위해서랍니다.

젖산균은 산소가 적고 당분이 많은 환경을 좋아해요. 그런 환경에서 당분을 먹은 후 다량의 젖산을 만들어 내지요. 그래서 이들을 젖산균이라고 부르는 거예요.

김치가 발효될 때 젖산균들이 큰 영향을 끼쳐요. 젖산균은 당분을 많이 먹을수록 더 많은 젖산을 만들지요. 시간이 지나면 김치의 pH가 떨어지는데 그것은 바로 젖산균이 만든 젖산의 양이 늘어나기 때문이랍니다. 젖산균은 pH 5 정도에서 가장 잘 자라요. 오른쪽 그래프는 김치가 발효되는 동안 pH와 당분, 젖산의 변화를 나타낸 거예요.

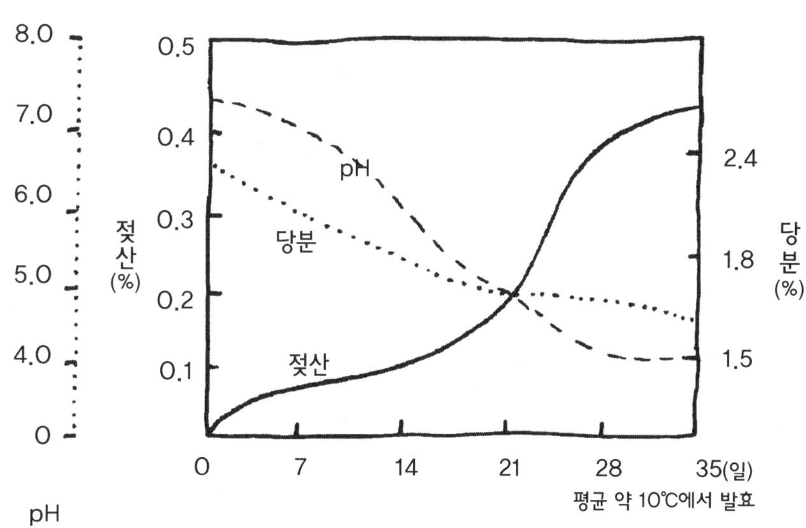

김치가 발효되는 동안 당분과 젖산의 변화

젖산균에도 여러 종류가 있는데 당분을 섭취한 후 만들어 내는 물질에 따라 크게 두 부류로 나누어요. 하나는 젖산만 만들어 내는 호모유산발효균이고 다른 하나는 젖산 외에 이산화탄소, 에탄올과 같은 물질도 만들어 내는 헤테로유산발효균이에요. 이 두 균은 모두 김치를 발효시킨답니다.

토양 칼럼

공중을 걷는다고 상상해 봐요. 여러분 발밑에 있는 지구를 생각해 보세요. 지구는 고체처럼 보일 거예요. 설령 여러분이 그 공중에서 뛰어내린다 해도 지구는 무너지지 않아요. 나무를 비롯한 식물들은 어떻게 그렇게 단단한 지구에 뿌리를 내릴 수 있었을까요? 또 지렁이는 그 안에서 어떻게 숨을 쉬고요? 그리고 빗물은 왜 땅속으로 스며들까요?

흙은 바위나 암석이 부서지거나 동식물이 분해되어 만들어진 작은 입자예요. 이때 부서진 암석과 분해된 유기물의 모양과 크기는 제각각이랍니다. 그래서 이들은 서로 뭉쳐 단단한 덩어리를 만들지는 못해요. 그러다 보니 자연스럽게 그들 사이에 작은 공간이 생기지요. 그 공간은 공기로 채워져 있어요. 약 30g의 흙은 표면적이 22,500m²에 이르는데 그 크기는 미식축구 경기장 6개와 맞먹는답니다. 흙 한 줌에는 수백만 마리의 세균, 진균, 원생동물, 선충들이 살고 있답니다(미생물에 대한 자세한 내용은 28쪽 참고). 토양 속에는 식물 뿌리나 씨앗, 톡토기, 지렁이, 두더지나 오소리 등과 같이 미생물보다 더 큰 생물들도 살고 있어요.

토양의 성질은 지역에 따라 다 달라요. 작은 정원만 해도 위치에 따라 그 성질이 크게 다르니까요. 성질이 서로 다른 토양을 보고 만지고 냄새도 맡아 보세요. 각 토양의 성질이나 그것을 구성하는 성분에 대해 알 수 있을 거예요. 토양의 특징에 영향을 주는 것들로는 암석의 형태나 나이, 지형, 비와 같은 기후요소들이 있으며 인간도 큰 영향을 끼친답니다.

토양의 조직이나 성질은 「침전병」이나 「토양 칼럼」을 만들어 관찰할 수 있어요. 심지어 흙의 성질을 바꾼 후 그 흙에서 식물을 키워 보고 그 흙이 이전 흙과 어떻게 다른지도 확인할 수 있어요.

 **핵심과학용어**

미생물학, 지질학, 농업, 토양생태학, 식물영양, 물리학.

침전병

1. 병의 상표를 떼어 내세요.

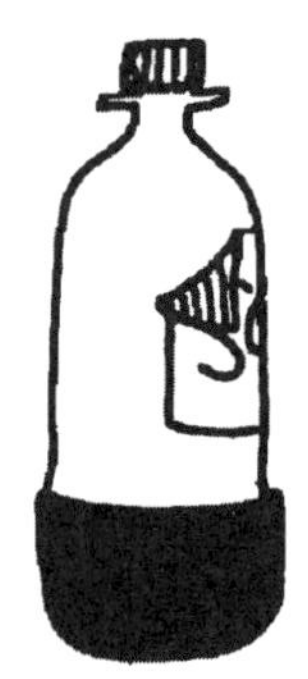

재료

• 뚜껑이 있는 1ℓ 병 1개
• 필요한 도구들(14쪽 참고)
• 용량을 정확히 잴 수 있는 시험관 또는 계량컵
• 흙 200cc
• 물

3. 용량을 정확히 잴 수 있는 시험관이나 계량컵으로 물 100㎖를 병 안에 붓고 그때마다 병의 표면에 진하게 표시하세요. 이때는 물에 지워지지 않는 펜을 사용하세요. 병의 모양에 따라 표시한 간격이 서로 다를 거예요.

2. 바닥이 있다면 병 아래까지 관찰할 수 있도록 바닥 옆면을 잘라 버리세요.

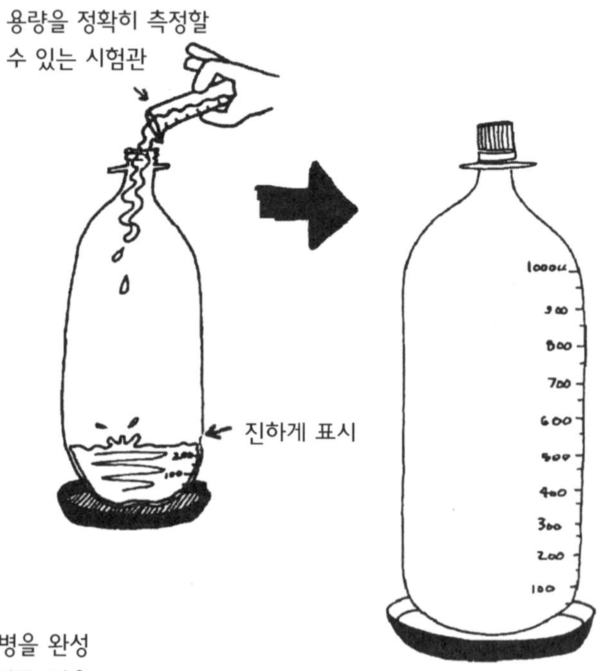

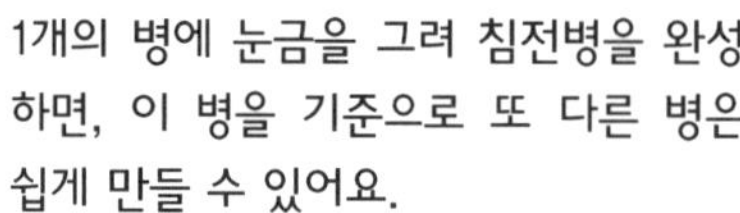

내용물

토양 샘플 토양 탐험의 첫 단계는 토양을 채취하는 일이에요. 토양은 정원, 공원, 운동장, 공사장, 도로, 농경지 등에서 채취하면 되는데 최소한 성질이 다른 두 곳의 토양은 있어야 해요. 토양의 성질은 매우 다양하기 때문에 장소가 같더라도 서로 다른 곳에서 채취하면 성질이 다른 토양을 얻을 수 있어요.

건조 시간 채취한 토양을 신문지 위에 고루 펼쳐 놓고 3~4일 동안 공기 중에서 말리세요(오븐이나 전자레인지로 흙을 말리지 마세요. 열이 흙 속의 미생물들을 죽이고 점토가 가진 물 분자의 결합력을 약화시키며 토양의 성질도 변화시키기 때문이에요). 마른 토양은 플라스틱 우유병이나 공기가 차단된 그릇 안에 보관하세요. 토양을 채취한 장소를 적은 라벨을 만들어 반드시 병에 붙여 놓아야 해요.

침전병 침전병은 한 줌 흙 속 세계를 관찰하기 위한 거예요. 먼저 병 속에 흙과 물을 섞은 후 흙이 가라앉을 때 만들어지는 층을 관찰하세요. 흙은 가라앉으면서 흙을 구성하는 입자의 형태, 크기 그리고 색깔에 따라 여러 층으로 나뉘어요.

침전병에 여러분이 채취해 온 흙 200cc와 물 1ℓ를 넣으세요. 이때 2~3㎖의 세탁용 세제를 넣어 주면 흙의 입자가 골고루 잘 퍼져요.

병을 세게 흔들었다가 적당한 장소에 놓아 두세요. 창문가가 가장 좋아요. 어떤 입자들은 곧바로 가라앉을 테고 어떤 것들은 며칠이 지나도 여전히 물 위에 떠 있을 거예요.

입자들 분리하기 여러분은 얼마나 많은 토양층을 구분하였나요? 흙이 완전히 가라앉으면 병을 다시 한번 흔들어 입자들이 가라앉는 시간을 측정하세요. 그 결과를 그래프로 나타낼 수 있겠지요?

어떤 토양은 점토 입자가 워낙 미세해서 가라앉기까지 몇 시간 또는 며칠이 걸릴 수도 있어요. 그리고 여러분은 분해된 식물체나 유기물이 물 위에 떠 있는 것도 볼 수 있을 거예요. 이것들은 물을 충분히 흡수한 다음에야 천천히 가라앉는답니다.

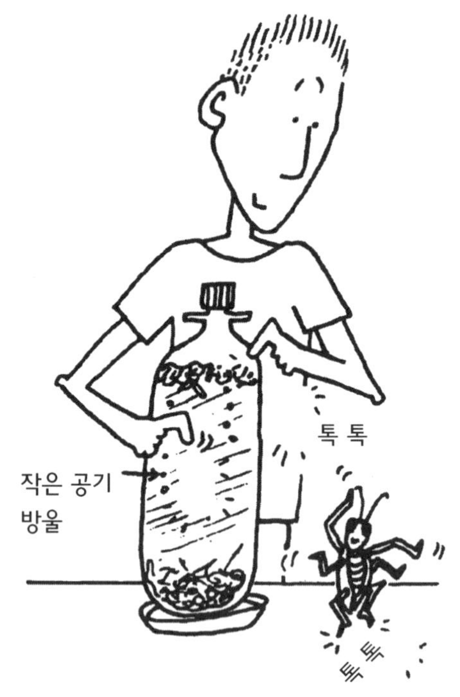

기체 방울 병을 그대로 놓아 두었다가 하루나 이틀 정도 지난 뒤 가볍게 두드려 보세요. 무슨 일이 일어날까요? 방울 같은 것이 떠오르죠? 그 기체 방울들은 흙 속에 있던 세균이나 조류들이 광합성을 하여 만든 산소거나 호흡하여 생긴 이산화탄소예요. 이것은 병의 안쪽 표면에 붙어 있었다가 여러분이 병을 두드렸을 때 떠오른 것이랍니다. 기체 방울뿐만 아니라 물 위를 떠다니는 토양 부스러기도 볼 수 있을 거예요. 두 개의 토양 칼럼을 만들어 하나는 밝은 장소에, 나머지 하나는 어두운 장소에 놓아 두고 관찰해 보세요. 어떤 차이가 있을까요?

어둡고 검은 작은 조각 속에
수천의 미생물이 산다는 것이 정말 신기해.
열대에서 극지방까지
흙이 있어 육지에 사는 모든 생물들이 살아가는구나!
넌 정말로 놀라운 화강암 부스러기야.

— 프란시스 톨(1992)

(톨 박사는 미국 위스콘신대학교 명예 교수이자 토양 과학자예요)

토양 칼럼

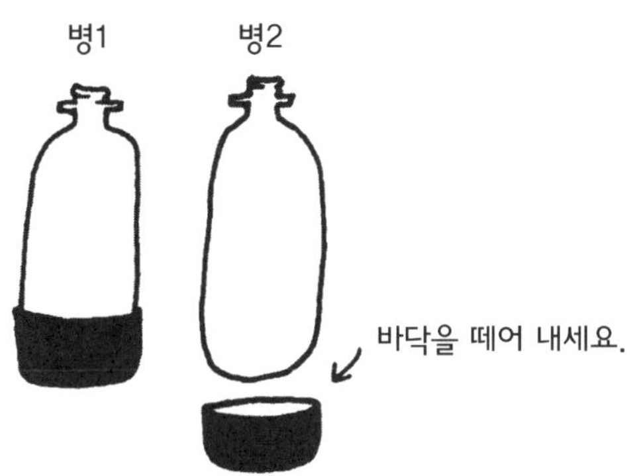

재료

- 1ℓ 병 2개
- 필요한 도구들(14쪽 참고)
- 병뚜껑 1개
- 용량을 정확히 측정할 수 있는 메스실린더나 계량컵
- 흙 500cc
- 물

1. 병 2개의 상표를 모두 떼어 내고 그중 1개는 바닥까지 떼어 내세요.

2. 병1은 바닥에서 13cm 정도 높이에서 자르세요.

3. 병2는 허리에서 1~2cm 아래를 자르세요.

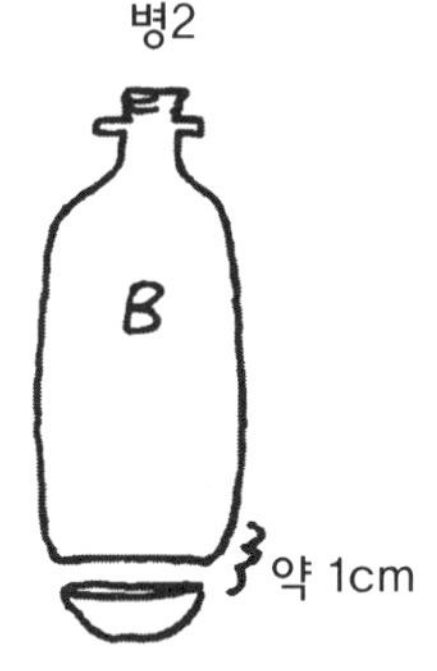

4. B의 뚜껑을 닫은 후 B를 뒤집어서 A에 꽂으세요.

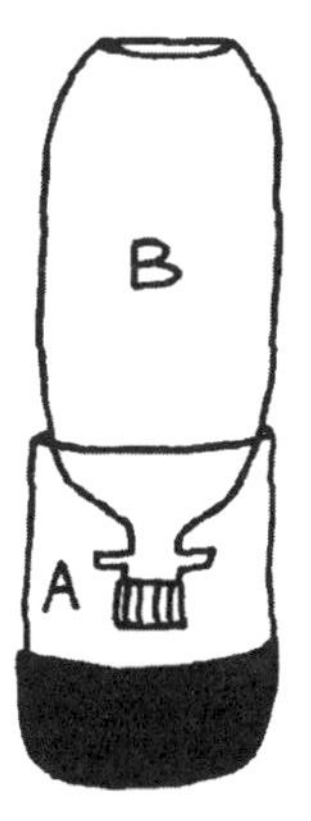

5. 용량을 정확히 측정할 수 있는 메스실린더나 계량컵으로 한 번에 100cc씩 4의 병 B에 물을 붓고 그때마다 병의 표면에 표시하세요.

6. 이제 병 안에 부었던 물을 버리세요. B를 빼내 뚜껑에 물이 빠져 나가도록 구멍을 몇 개 뚫고 다시 원래대로 A에 끼우세요.

병1의 윗부분을 칼럼의 지붕으로 사용해도 좋아요.

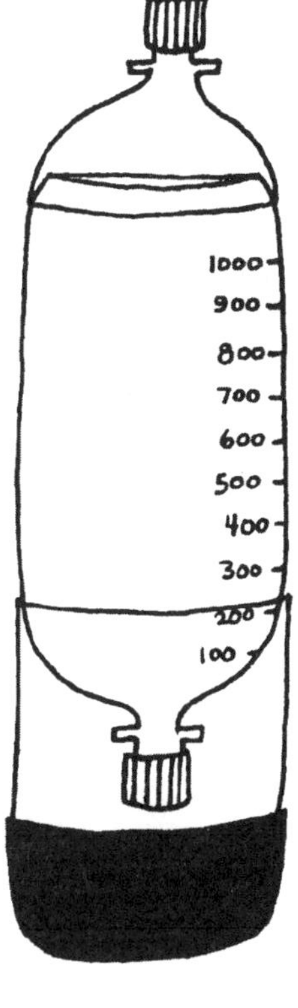

내용물

토양 칼럼 토양은 물을 얼마나 많이 흡수할 수 있을까요? 수분보유능력이란 토양이 중력에 저항하여 흡수할 수 있는 물의 양을 말해요(원래 물은 중력의 영향으로 토양 틈을 통해 아래로 내려가려는 특성이 있음). 토양이 물을 흡수할 수 있는 것은 토양 조직의 성질 때문이랍니다(55쪽 참고).

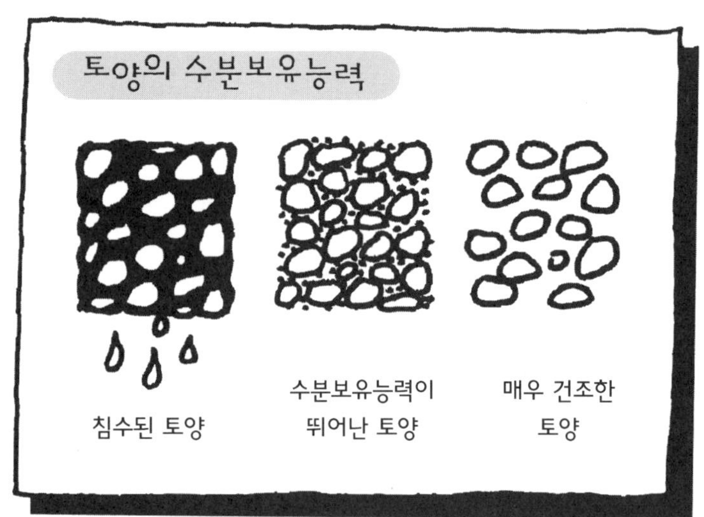

각 토양의 수분보유능력을 알면 식물의 뿌리가 토양 속에서 흡수할 수 있는 물의 양도 파악할 수가 있어요. 이것은 농부들이나 정원사들에게 중요한 정보가 되지요.

물 붓기 맨 먼저 칼럼에 흙 500cc를 넣고, 흙이 완전히 젖거나 병뚜껑의 구멍에서 물방울이 떨어질 때까지 한 번에 20㎖씩 물을 부어 주세요.

여러분이 채취해 온 흙에는 유기물들이 많을지도 모르겠는데, 이들은 물을 잘 흡수하지 못해요. 따라서 이런 흙에서는 물이 유기물을 피해 토양의 골을 따라 흘러요. 그러니 유기물이 많은 곳은 건조해질 수밖에 없지요.

이런 현상이 칼럼 안에서 나타나면 칼럼 안의 토양이 흠뻑 젖을 때까지 토양을 젓가락이나 꼬챙이로 휘저어 주세요. 이때 칼럼의 아래쪽에 고인 물을 다시 위쪽에 부어 주시고요.

다음 내용은 수분보유능력을 측정하는 방법이에요.

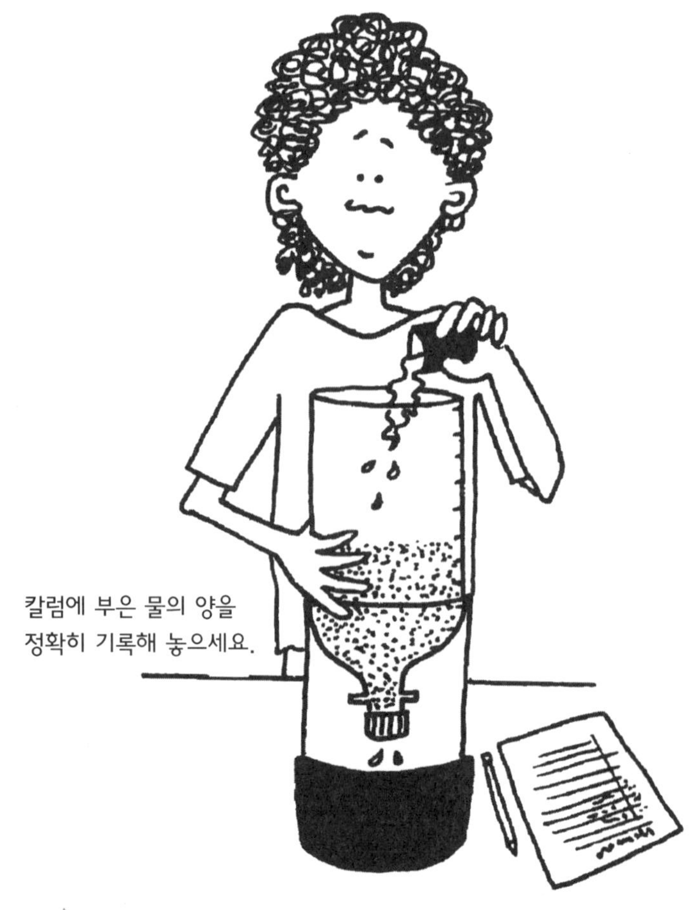

수분보유능력 측정 칼럼 안의 500cc 토양에 물을 얼마나 더 넣었는지 정확히 기록하세요. 추가로 부은 이 물의 양을 ㉮라고 해요. 물이 증발되지 않게 24시간 동안만 물이 토양 속으로 스며들도록 놔 두세요. 24시간 후 칼럼 아래쪽에 고인 물의 양을 ㉯라고 해요. 그러면 ㉮에서 ㉯를 뺀 값이 칼럼 안의 토양이 흡수한 물의 양이지요.

500cc의 젖은 토양에 추가로 부은 물의 양 (㉮) : _________ ㎖

24시간 후 칼럼 아래쪽에 고인 물의 양 (㉯) : _________ ㎖

500cc의 토양이 흡수할 수 있는 물의 양 또는 수분보유능력(㉮-㉯) : _________ ㎖

토양의 pH 측정 칼럼 안에 물을 붓기 전 그 물의 pH를 측정하여 나중에 칼럼 아래쪽에 고인 물의 pH와 비교해 보세요. pH에 대한 더욱 자세한 내용이나 측정 방법은 38쪽을 참고하세요.

습한 지역의 토양은 대부분 산성, 건조한 지역은 알칼리성이나 염기성이에요. 이것은 토양 속을 흐르는 물이 염기성인 무기물을 땅 깊숙이 운반하기 때문이죠. 그래서 토양 표면은 산성이 되는 거예요. 그러나 석회질이 많은 토양은 완충능력을 가지고 있어요. 완충능력이란 산성 토양의 pH를 알칼리성이나 염기성에 가깝게 만드는 것을 말해요. 그래서 토양에 석회질이 많은 지역은 산성비의 피해를 덜 받는답니다.

칼럼에 붓기 전 물의 pH : _________

칼럼 아래쪽에 고인 물의 pH : _________

토양의 변화 물을 부은 후 토양이 부풀어 올랐나요? 아니면 꺼져 버렸나요? 물을 붓고 난 후 며칠 동안은 흙 속의 점토 입자나 유기물 등이 물을 흡수해 붇기 때문에 흙의 높이가 이전보다 높아질 거예요.

습기가 많아지면서 토양의 색깔이 변했나요? 냄새는 어떠한가요? 1~2주 동안 칼럼 안에 생물이 자라는지도 관찰해 보세요. 여러분이 퍼 온 흙에 식물의 씨앗이나 양치식물의 포자, 심지어 벌레의 알이나 번데기도 들어 있을 수 있으니까요.

물을 붓기 전 토양의 높이(칼럼의 맨 밑에서 맨 위까지) : _________ cm

___시간 또는 ___ 일 후 토양의 높이 : _________ cm

실험

신기한 필름통 | 토양의 밀도는?

밀도 이 실험은 필름통을 이용하여 성분이나 종류가 다른 토양의 밀도를 비교하는 거예요. 토양의 밀도는 토양을 구성하는 성분이나 토양 입자가 얼마나 단단하게 결합하느냐에 따라 달라진답니다.

채취한 토양을 자갈, 모래, 실트, 흑운모, 점토 또는 물이끼, 퇴비 혹은 거름과 같은 유기물로 구분해 보세요. 이들은 모두 공기 중에서 건조시켜 수분이 없도록 해야 해요. 수분이 토양의 밀도를 변화시키기 때문이죠. 이제 5~11개의 검정색 필름통을 준비하세요.

필름통 안에 채취한 토양이나 토양을 구성하는 성분 또는 유기물을 가득 채우고 뚜껑을 닫으세요. 단, 2개의 필름통은 비워 놓으세요. 그 2개의 필름통 중 하나에는 물을 채우고 다른 하나는 비워 놓으세요. 그리고 각 필름통에 번호를 매기세요. 필름통의 내용물이 무엇인지는 기록해 놓아야 해요. 이제 「페트병 저울」(123쪽 참고)이나 필름통의 무게를 잴 수 있는 다른 저울이 필요해요.

선생님들께 만약 5~6개의 필름통으로 실험을 한다면 학급을 5~6조로 나누세요. 그리고 조원들이 차례로 필름통의 무게를 재서 기록하게 하세요.

필름통의 무게는? 필름통을 들어 보세요. 필름통이 얼마나 무거운가요? 이번에는 필름통을 한번 흔들어 보세요. 소리가 요란스러운가요?

필름통을 들어 가벼운 순서로 순위를 매겨 보세요. 그리고 그 순서대로 기록하세요.

● 2 < 1 < 3 < 6 < 5 < 4

자, 이제 여러분은 필름통의 무게를 대충 짐작하여 순서대로 늘어놓았을 거예요. 그런데 어떻게 하면 필름통에 들어 있는 내용물의 밀도를 정확하게 구할 수 있을까요?

이제 우리는 종류가 다른 토양의 밀도를 알아낼 거예요. 무게를 비교해서 말이에요.

종류가 다른 토양이라도 그 양이나 부피를 알면 필름통을 이용하여 각각의 밀도를 구할 수 있어요. 밀도는 질량을 부피로 나눈 값이에요. 10g의 새털과 10g의 벽돌조각 중 어떤 것이 더 무거울까요?

기준 만들기 무언가를 측정하려면 그것과 비교할 수 있는 기준이 있어야 해요. 이 경우 물을 기준으로 하면 편리하답니다. 물의 밀도는 1이거든요. 필름통에는 물 33㎖가 들어가요. 이제 물이 든 필름통을 찾으세요(필름통을 흔들어 보면 알 수 있어요).「페트병 저울」을 이용하여 물과 비교할 필름통의 무게를 측정하세요. 물이 든 필름통을 저울의 한쪽 끝에 놓고 비교할 필름통은 반대쪽 끝에 놓으세요. 토양이 든 필름통은 물이 든 필름통보다 무거운가요, 가벼운가요?

저울은 가벼운 쪽에 물을 부어 균형을 맞추면 돼요. 단 이때의 물의 양을 정확히 기록하세요.

토양의 밀도 이제 여러분은 토양의 밀도를 계산할 수 있을 거예요. 물이 든 필름통보다 토양이 든 필름통이 더 무거웠다고 가정해 보세요. 저울의 균형을 맞추기 위해 33㎖의 물을 더 부었다고 해요. 그러면 토양이 든 필름통은 물이 든 필름통에 33㎖를 더한 것과 같아요. 다시 말해 토양이 든 필름통은 물이 든 필름통 2개와 무게가 같고 물보다 밀도가 2배 높다는 의미지요.

필름통 안 물의 밀도가 1이었다는 사실을 다시 한번 기억하고 계산해 보세요. 여러분은 저울의 균형을 맞추기 위해 물 33g을 더 부었어요. 따라서 토양이 든 필름통의 무게는 33g+33g이 되며 밀도는 66g÷33㎖가 되어 바로 2라는 답을 얻을 수 있을 거예요.

다른 필름통도 이런 방법으로 측정하여 비교해 보세요. 모든 필름통을 측정한 후 필름통 뚜껑을 열어 내용물을 확인하세요. 이제 밀도를 비교할 수 있겠지요?

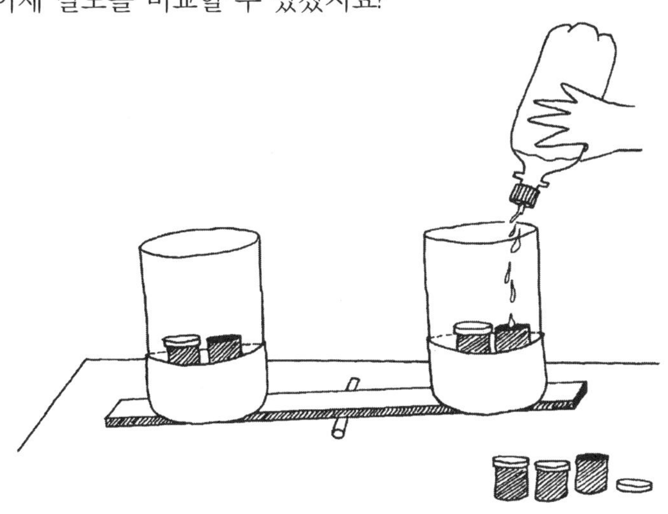

실험

토양 탐구 | 식물에게 필요한 양분

식물이 본 토양 여러분이 식물의 뿌리라면 토양은 여러분에게 어떤 영향을 끼칠까요? 토양은 여러분에게 호흡할 공기와 마실 물과 양분을 줄 뿐만 아니라 바람이나 발자국으로 인한 상처에서 여러분을 보호해 줄 거예요. 또 식물의 뿌리인 여러분은 주위에서 형태와 크기가 다양한 토양 입자들을 볼 수 있을 거예요. 이 입자들이 물의 흐름에 어떤 영향을 주고 얼마나 많은 양의 물과 양분을 이동시키는지도 알게 될 거예요. 그리고 많은 미생물과 다양한 토양생물들이 여러분과 함께 토양 속에서 살고 있다는 사실도 알 수 있을 거예요.

환경 조건은 같으나 성분이 다른 토양에 몇 가지 식물을 심어 보세요. 그러면 토양과 식물의 관계를 알 수 있을 거예요. 토양의 밀도를 알아보는 실험에 사용했던 재료들을 섞어서 실험해 보세요. 아니면 화원에서 종류가 다른 화분 흙을 구입하여 실험해도 좋아요.

토양 특징 정확히 기록하기 여러분이 혼합한 토양에 관해 기록하세요. 예를 들어 모래와 물이끼 그리고 정원의 토양을 혼합했다면 이들을 잘 섞은 후에 색깔, 느낌, 수분보유능력, 밀도 등 토양 특징을 기록하는 거지요.

다음으로 식물이 자랄 수 있는 환경을 3~4가지 만드세요(105쪽 「정원 시스템」 참고). 이제 각각의 환경에 여러분이 준비한 토양을 성분이나 종류에 따라 배치하세요. 이때 실험하려는 토양의 성분과 그 특징을 자세히 기록해 놓아야 해요.

성장이 빠른 무나 상추 같은 식물을 종류나 성분이 다른 토양에 각각 심으세요. 그런 후 빛의 양이나 습도, 온도 등이 같은 곳에 놓아 두세요. 각각의 토양에서 식물의 발아 속도, 성장률, 색깔 그리고 잎의 크기와 수 등 우리가 눈으로 확인할 수 있는 것들을 기록하세요.

식물은 토양의 종류에 따라 어떤 반응을 보이나요? 성분이 서로 다른 토양을 이용하여 실험해 보세요. 모든 식물의 반응이 토양의 종류에 관계없이 같았나요? 실험을 통해 그 답을 찾아보세요. 여러분이 하는 실험은 농부나 정원사가 농작물이나 꽃, 나무들을 잘 기르기 위해 필요한 정보를 조사하는 것과 같아요.

뿌리 근처의 토양 환경

토양이란 무엇인가?

토양은 종류에 따라 그 성분이 다른데 보통 물 25%, 무기물 45%, 유기물 5%, 공기 25%로 구성되어 있어요.

또 토양은 크기가 다양한 입자들로 구성되어 있는데, 그 입자들은 모래와 실트 그리고 점토예요. 이 중 어느 하나만으로 구성된 토양은 없으며 보통은 3가지 모두 섞여 있지요.

모래와 실트 그리고 점토를 1,000배로 확대해 보면 점토 입자의 직경은 종이 한 장의 두께와 같고 실트는 2.5cm, 모래는 약 1m나 된답니다.

토양을 두 손가락으로 비벼 보세요. 그러면 토양의 성분을 알 수 있어요. 껄끄럽다면 그 토양에는 모래가 많은 거예요. 매끄럽고 끈적거리지 않는다면 실트가 많은 토양이고, 끈적거린다면 점토가 많은 토양이지요.

토양 입자의 크기	
종류	직경(mm)
굵은 모래	2.0~0.2
고운 모래	0.2~0.05
실트	0.05~0.002
점토	<0.002

토양의 수분보유능력은 토양을 구성하는 입자의 크기와 관계 있어요. 물은 토양 입자들 사이의 공간이나 틈을 따라 이동하는데 입자들이 커서 그 틈이 크면 클수록 빠르게 흘러요.

예를 들어 모래가 많은 토양의 입자는 크고 입자 사이의 공간도 커요. 그래서 이 토양에서는 물이 아주 빨리 빠져 나가요. 실트나 점토가 많은 토양은 토양 입자가 작고 그 사이 공간의 크기도 작아 그 토양에서는 물이 아주 느리게 흘러내려요.

물은 실트나 점토가 많은 토양에 머무르는 경향이 있는데, 이런 종류의 토양들은 물을 붙잡아 놓는 어떤 힘을 가지고 있기 때문이에요. 이 힘은 두 가지예요. 하나는 점착력이라고 하여 토양 입자 표면과 물 분자 사이에 생기는 힘이고, 다른 하나는 응집력으로 물 분자들 사이에 생기는 결합력이지요.

따라서 모래가 많은 토양보다 실트나 점토가 많이 함유된 토양이 물을 빨리 흡수해요. 토양 입자가 작을수록 표면적이 넓은데 물은 표면적이 큰 입자에 잘 이끌리기 때문이지요. 이 물은 응집력으로 다시 주변의 다른 물 분자를 결합시켜요. 그래서 실트나 점토가 많은 토양이 모래가 많은 토양보다 수분보유능력이 뛰어나답니다.

여러분은 작은 입자의 표면적이 큰 입자의 표면적보다
넓다는 사실에 놀랐을 거예요. 이를 한번 확인해 보세요.
필름통 2개에 직경이 서로 다른 동그란 대리석이나 유리
구슬 또는 완두콩 등을 가득 넣으세요. 어느 것의 표면적
이 더 넓을까요?

이제 두 필름통에 넣은 물체의 표면적을 계산해 보세요
(표면적 = 4×3.14×반지름²). 이 값에 각 필름통 안의 물체
수(유리구슬이나 완두콩의 수)를 곱하면 같은 부피라도 작
은 입자의 표면적이 큰 입자보다 더 크다는 사실을 확인
할 수 있을 거예요.

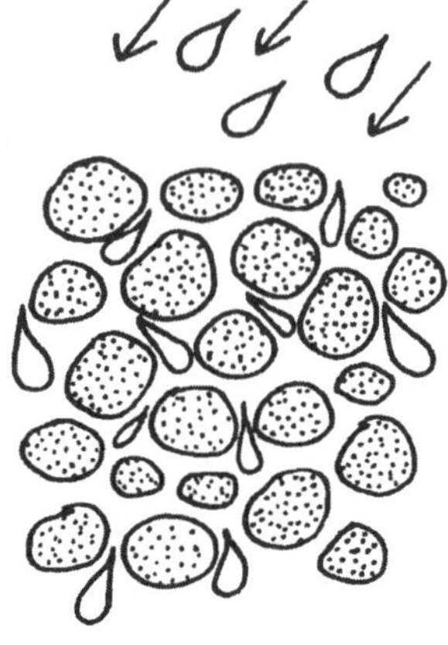

모래가 많아 입자 사이의 구멍이 큰 토양에서는 오른쪽 그림처럼 공간이 작은 토양보
다 물이 잘 빠져 수분보유능력이 떨어져요. 이런 토양 내부의 공간은 토양이 동물이나
사람에게 밟힌다든지 건물의 무게에 눌린다든지 하면 줄어들 수 있어요. 그러면 물은
이전보다는 느리게 흐르겠지요. 여러분은 비 온 후에 웅덩이가 생기는 이유를 생각해
본 적이 있나요?

먹이사슬 칼럼

동식물의 모습과 특성은 기후, 영양물질 등의 영향을 받았어요. 동식물을 이해하는 데 특히 중요한 것은 먹고 먹히는 포식과 피식의 관계예요.

어떤 생물은 다른 생물에게 잡아먹히지 않기 위하여 독이 있거나 맛이 없는 다른 생물을 흉내내며 진화했어요. 생물이 보호색을 띠고 날카로운 가시를 돋우고 떼를 지어 이동하고 포식자를 감시하기 위해 보초를 세우는 등의 행동을 하는 이유는 자신을 보호하기 위해서예요. 이 또한 진화의 한 예지요.

먹고 먹히는 관계는 그 지역의 생태계에 영향을 줘요. 새가 달팽이를 잡아먹을 경우 달팽이는 비록 죽지만 에너지 형태로 먹이사슬 안에서 순환하게 되지요.

그뿐만 아니라 생물의 수에도 영향을 줘요. 예를 들어, 코요테 수가 줄어들면 토끼와 같은 먹이의 수는 폭발적으로 늘어난답니다.

이 칼럼을 통해 여러분은 곤충이나 거미 또는 벌레잡이식물의 모습과 특성 그리고 이들간의 상호작용을 관찰할 수 있을 거예요. 어린 곤충들이 부화해서 먹이를 먹고 탈피하는 과정을 볼 수 있고 짝짓기 하는 것도 관찰할 수 있어요. 자연과 다른 인공 환경에서 곤충의 수명은 짧아지기 때문에 어쩌면 그들의 죽음까지 볼 수 있을지도 몰라요.

사마귀는 먹이를 어떻게 잡을까요? 그리고 파리지옥은 나뭇가지와 먹이를 어떻게 구별할까요?

이 칼럼 안에 두 종류의 생물을 넣고 자세히 관찰하다 보면 이들이 살아가는 방식과 생물들의 먹고 먹히는 먹이사슬의 과정도 이해하게 될 거예요.

핵심과학용어

먹이사슬, 생태계, 진화, 자연사, 생태적 지위, 서식처.

초파리 덫

1. 2ℓ 병의 상표를 떼어 내고 바닥이 있는 병이라면 바닥까지 떼어 내세요.

2. 병의 어깨에서 4cm 아래를 잘라 내세요. 그리고 몸통 아래쪽의 잘록해지는 부분, 즉 허리에서 3cm 아래 굴곡진 부분도 잘라 내세요.

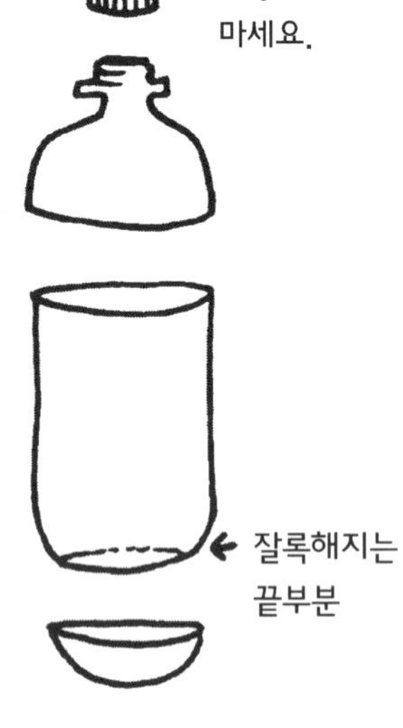

4. 초파리들이 빠져나가지 못하도록 윗부분과 몸통을 끼운 부분을 테이프로 단단히 붙이세요. 바닥의 구멍도 테이프로 막으세요. 바나나 2~3조각을 필름통에 넣어 병 안 바닥에 놓아 두세요. 필름통은 기울어지지 않게 둥그스름한 플라스틱판 위에 올려놓으세요. 병 안에 초파리가 몇 마리 생기면 과일이 담긴 필름통을 몇 개 더 넣어 주세요.

3. 초파리가 자유롭게 드나들 수 있도록 뚜껑에 3~4mm 정도의 구멍을 뚫으세요. 그리고 윗부분을 뒤집어 몸통에 끼우세요.

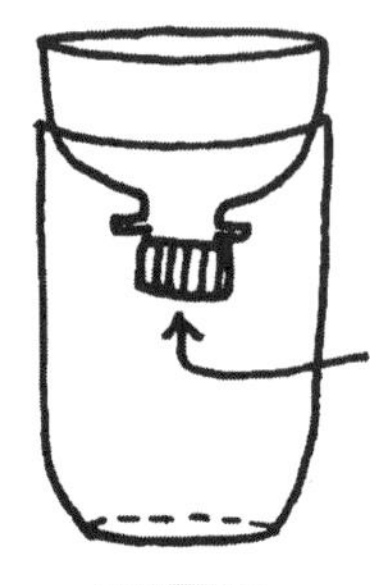

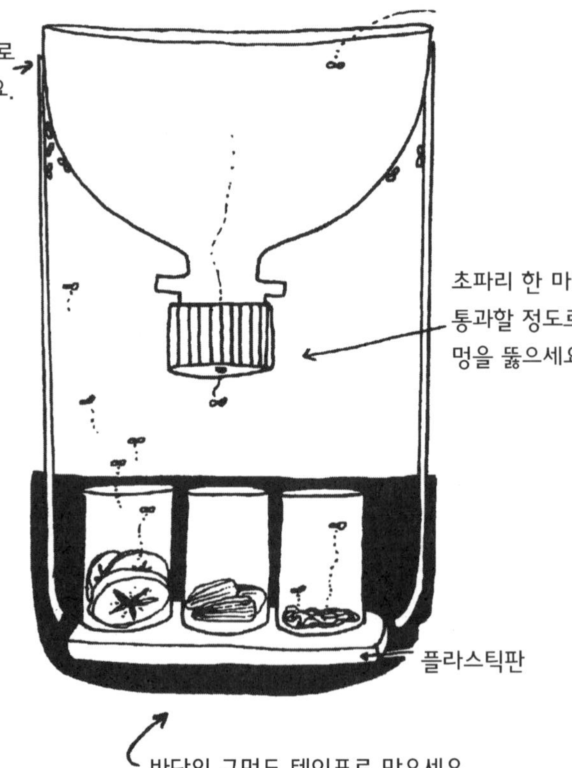

실험

초파리 잡기 | 초파리가 좋아하는 환경

초파리 덫 「먹이사슬 칼럼」을 만들려면 먹이가 필요해요. 야외에서 초파리 덫을 이용해 초파리를 잡아 보세요. 짧은 시간에 손쉽게 거미나 사마귀에게 먹일 초파리를 충분히 잡을 수 있을 거예요.

초파리는 언제, 어디서, 어떻게 찾을까 바나나나 멜론 또는 다른 과일 몇 조각을 필름통 안에 넣어 덫의 바닥에 놓으세요(초파리가 몇 마리 나타나면 과일이 담긴 필름통의 수를 늘리세요). 과일의 썩는 냄새가 초파리를 유인할 거예요. 초파리들은 냄새를 따라 덫으로 들어오지요. 그렇지만 초파리가 빠져나가지 못하도록 장치해 놓았기 때문에 탈출하는 초파리는 많지 않을 거예요.

초파리는 과일이나 채소가 많은 여름과 가을에 흔히 볼 수 있어요. 겨울에는 초파리를 보기가 힘들지요. 덫을 한 장소에만 설치하지 말고 시장, 부엌, 학교 등 여러 곳에 설치해 보세요. 초파리를 채집하는 데 실패했다면 과학재료상이나 집 주변의 대학 연구실 등에 문의해 보세요.

덫에 걸린 암컷 초파리는 과일에 알을 낳아요. 며칠이 지나면 알이 부화되지요. 이 흰색 유충들은 식욕이 왕성해서, 과일을 파고들기도 하지요. 또 며칠이 지나면 이 애벌레들은 건조한 곳을 찾아가 거기서 번데기로 변해요. 며칠 뒤에는 번데기에서 성충이 나오고요.

알이 성충이 되기까지의 기간은 온도에 따라 다른데, 보통 24~27°C일 때 10~14일 정도 걸려요.

초파리 잡기 | 초파리가 좋아하는 환경

곰팡이? 며칠 동안은 필름통 안의 과일을 주의 깊게 관찰하세요. 과일에 곰팡이가 피었다면 그 과일은 버리고 다른 장소에 덫을 설치하세요(처음에는 바나나 조각이 든 필름통 1개로 시작하세요). 곰팡이가 생겼다는 것은 덫을 설치한 지 며칠이 지났어도 초파리가 찾아오지 않았다는 증거니까요.

곰팡이가 자라는 과일에는 초파리가 찾아오지 않는다고?

초파리가 과일에 앉으면 다리에 붙어 있던 효모 포자가 과일에 묻어요. 이 효모 포자는 과일을 발효시켜 pH를 낮추어 산성에 가깝게 하지요. 그리고 효모가 발효시킨 과일에는 곰팡이가 피지 않아요. 곰팡이는 산성 환경을 싫어하거든요. 그렇지만 일단 곰팡이가 자라기 시작하면 초파리는 더는 그곳에 찾아오지 않는답니다.

처리 초파리가 너무 많아지지 않게 하려면 필름통을 4~7일 주기로 바꿔 주거나 유충이 생긴 과일은 버리세요. 초파리를 확실히 없애려면 유충이 죽을 때까지 밖에 놓아두거나 유충을 변기나 하수구에 버리세요. 유충을 쓰레기통에 버리면 유충은 그 안에서 먹이를 찾아 먹으며 성충이 되어 날아다닐 테니까요.

운반 초파리들은 덫이 흔들리거나 해서 놀라면 위로 날아오르거나 덫의 벽에 붙어요. 그러니까 필름통을 넣거나 뺄 때는 덫의 옆면을 가볍게 두드리면서 몸통에 끼웠던 윗부분을 열고 재빨리 행동하세요.

초파리가 더 필요하다면 신선한 과일이 담긴 필름통을 더 넣으세요. 처음에 놓아두었던 필름통에 과일을 더 넣어도 되고요. 그러면 사마귀나 거미에게 먹이로 줄 초파리를 충분히 얻을 수 있어요.

초파리 성충들을 운반할 때 덫을 30분 정도 냉장고에 넣어 두는 방법이 있어요. 그러면 초파리들은 냉기 때문에 활동이 둔해져 내려앉는데, 이때 칼럼으로 초파리들을 옮기면 되지요.

초파리의 식성 실제로 초파리는 과일을 먹지 않아요. 과일 위에서 자라는 효모를 먹는 것이지요. 초파리의 장이나 다리에는 효모 포자가 있어서 초파리가 과일에 앉으면 자연스럽게 효모가 전염돼요. 효모가 과일을 발효시키기 시작하면 특이한 냄새를 풍기는데, 이 냄새를 통해 초파리가 왔었다는 사실을 알 수 있지요(그런데 효모가 과일을 발효시키는 것은 맥주나 포도주를 만들 때와 같아요).

이 사실을 확인하려면 덫 안에 과일이 담긴 2개의 필름통을 넣고 하나만 망사로 위를 막아 초파리가 내려앉지 못하게 하세요. 그리고 며칠 후에 필름통 안의 내용물을 서로 비교해 보세요. 그런데 초파리가 더 좋아하는 과일이 있을까요? 또 어떤 과일에서 곰팡이가 필까요?

만들어 보기
먹이사슬 칼럼

1. 2개의 병 모두 상표와 바닥(바닥이 있는 경우)을 떼어 내세요.

2. 한 병은 어깨에서 2cm 위를, 허리에서 1cm 아래를 잘라 내어 몸통 A를 만드세요.

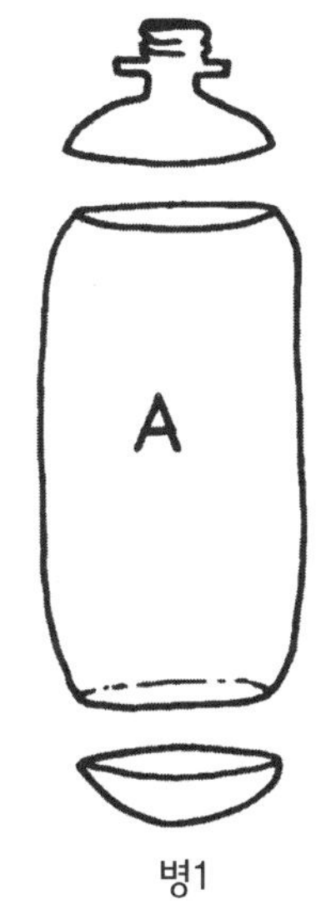

3. 다른 한 병은 어깨에서 0.5cm 아래를 잘라 내어 끝부분이 반듯한 B를 만드세요. 또 허리에서 6cm 위를 잘라 내어 윗부분이 반듯한 C를 만드세요. 그리고 B의 뚜껑에 2~4mm 정도의 구멍을 뚫으세요. 이때 송곳이나 뜨거운 꼬챙이를 이용하면 편할 거예요(17쪽 참고).

4. B를 그림처럼 A에 꼭 끼우세요. 그러고 나서 이것을 바닥 D에 세우세요. 바닥이 없으면 다른 병의 아랫부분을 9~10cm 높이로 잘라 사용하세요. C는 천장으로 사용하시고요. 그리고 C의 곳곳에 공기구멍을 뚫으세요. 몸통 A의 옆면에는 수분 공급 장치를 끼우세요(65쪽 「수분 공급 장치 만들기」 참고).

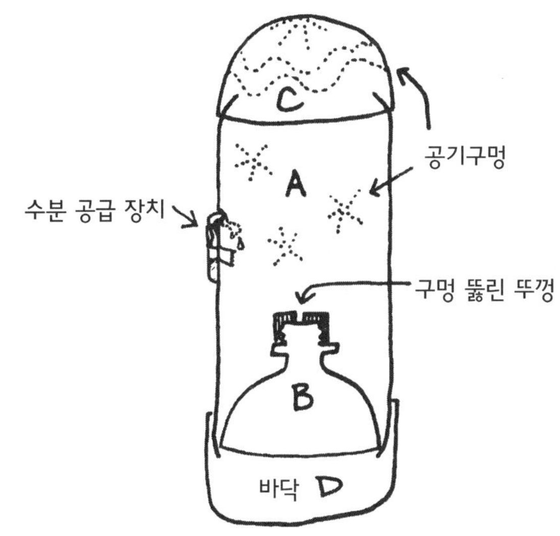

5. 토양과 식물 그리고 곤충은 A에 넣고, 과일이 담긴 필름통은 D와 B 사이에 넣어 주세요. 내용물을 채운 칼럼 그림은 다음 쪽에 있어요.

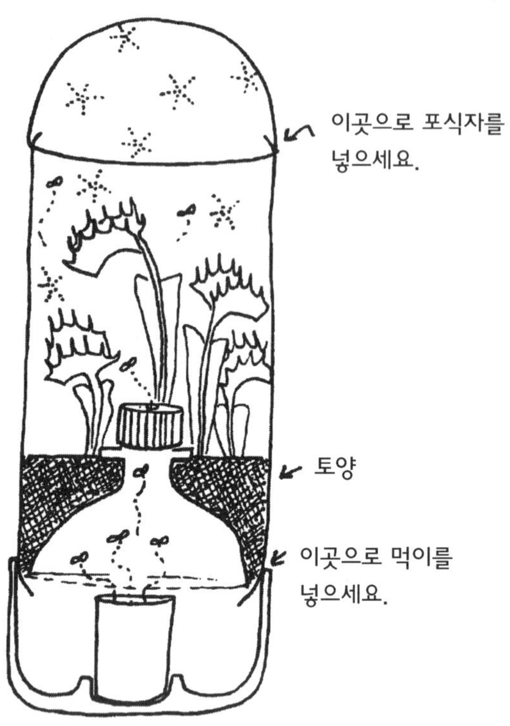

파리지옥, 끈끈이지옥 그리고 벌레잡이제비꽃 이 식물들은 주변에서 흔히 구할 수 있는 벌레잡이식물들이에요. 화원이나 과학재료상에서 쉽게 구할 수 있어요.

토양 벌레잡이식물들은 늪 주변의 산성 토양에 살아요. 토탄과 모래가 섞인 토양에서 벌레잡이식물을 키워 보세요. 숯을 약간 넣어 토양의 pH를 벌레잡이식물이 좋아하는 수준으로 맞출 수 있어요.

습기와 온도 파리지옥과 끈끈이지옥은 습한 환경을 좋아하기 때문에 토양을 항상 습하게 해 주어야 해요. 몸통 옆면의 수분 공급 장치를 통해 수분을 일정하게 공급해 주세요. 그러나 토양 표면에 초록색 조류가 자라기 시작하고 식물 잎이 검게 변하면 너무 습하다는 증거이니 몸통에 공기구멍을 더 뚫어 습도를 조절하세요.

벌레잡이제비꽃은 물이 잘 빠지는 건조한 토양을 좋아해요. 이런 조건을 만들어 주고 싶다면 토양을 넣기 전에 B의 어깨 위에 물이 잘 빠지도록 구멍을 몇 개 뚫으세요. 모든 벌레잡이식물들은 증류수(자연수를 증류하여 불순물을 제거한 물)나 염분을 뺀 물을 좋아해요.

빛과 먹이 페트병의 내부 온도는 금방 올라가요. 내용물이 열로 인해 피해를 입지 않도록 칼럼은 직사광선을 쬐지 않도록 하세요. 식물들이 살아가려면 빛이 필요해요. 그런데 빛이 없는 장소에서 실험해야 할 때도 있지요. 그때는 생육 상자(113쪽 참고)를 만들어 사용하세요.

벌레잡이식물들은 먹이곤충이 없다면 서로 경쟁할 거예요. 그렇다고 먹이곤충이 많이 필요한 것은 아니에요. 몇 마리만 넣어 주어도 벌레잡이식물들은 아주 잘 자란답니다. 필름통 1개 분량의 초파리를 먹이곤충으로 넣어 주세요. 이 양을 조절하면서 실험할 수도 있고요.

파리지옥이 크게 자라면 몸집이 작은 초파리는 먹이로 적당하지 않아요. 파리지옥이 초파리를 잡았을 때 빠져나가지 않을 정도로 잎이 서로 꽉 닫히는지 주의 깊게 관찰하세요. 그렇지 않다면 집파리나 몸집이 큰 다른 곤충을 먹이로 주어야 하거든요.

 벌레잡이식물들은 필요한 영양분을 곤충에게서 얻어요. 이 식물들은 산성이면서 질소 성분이 적은 늪 주변의 토양에서 많이 살아요(따라서 벌레잡이식물을 키울 때에는 토양에 비료를 주면 안 돼요). 그러나 식물이 성장할 때 질소는 반드시 있어야 해요. 파리지옥, 벌레잡이제비꽃, 끈끈이주걱 같은 벌레잡이식물들은 토양에서가 아니라 곤충을 소화시켜서 질소를 얻는답니다.

파리지옥의 잎은 조개와 생김새가 비슷하고 쥐덫처럼 작용해요. 잎에는 가느다란, 감각이 있는 털이 있어요. 파리나 개미가 이 털을 건드리면 잎이 1초도 안 되어 닫혀 버리기 때문에 그 안에 갇힌 먹이는 빠져나올 수 없어요.

잎이 닫히려면 30초 안에 먹이곤충이 이 털을 두 번 이상 건드려야 해요. 그러나 빗방울이나 작은 나뭇가지가 떨어지는 등의 자극에는 잎이 닫히지 않는답니다. 또 잎 안에는 맛을 느낄 수 있는 샘이 있어서 소화시킬 수 있는 먹이인지 아닌지도 판단할 수 있어요.

수분 공급 장치 만들기

작은 플라스틱 그릇만 있으면 수분 공급 장치를 만들 수 있어요. 주사기나 작은 뚜껑이 달린 사탕통도 괜찮고 연구실에서 사용하는 뚜껑이 달린 작은 튜브도 좋아요.

심지는 면으로 된 천 조각이나 솜 등을 잘라서 쓰면 돼요. 사용하기 전에 빨거나 헹구어서 오염 물질들을 미리 제거하세요. 그런 후 물에 완전히 적셔 플라스틱 그릇에 넣으세요.

주사기나 뚜껑이 달린 작은 튜브를 사용할 경우에는 끝을 약간 자른 심지를 넣으세요. 칼럼 윗부분에 구멍을 뚫어 이것을

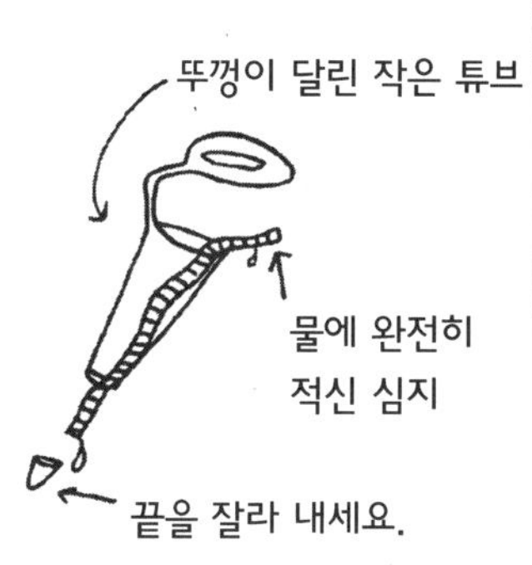

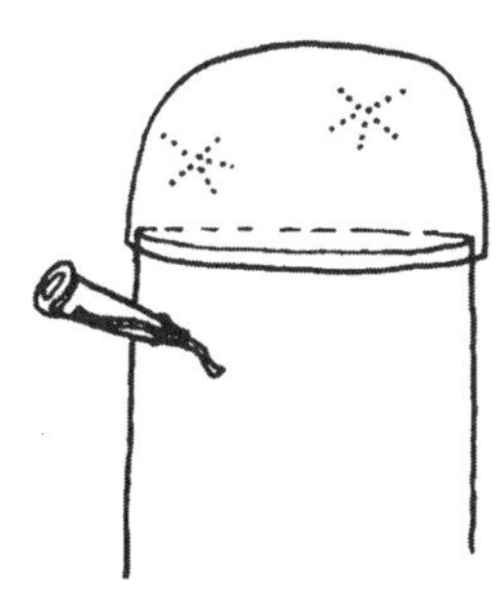

꽂고 고무밴드나 테이프로 고정시키면 더욱 좋지요. 수분 공급 장치를 꽂거나 고정할 구멍은 가능한 한 작게 하세요. 그 틈으로 초파리가 빠져나오지 않도록 말이죠. 수분 공급 장치에는 항상 물을 가득 채워 놓으세요.

벌레잡이식물의 잎이 소화할 수 없는 것이라면 잠시 후에 잎이 다시 열려요. 그러면 먹이로 잡혔던 곤충은 빠져나올 수 있지요. 파리지옥 각각의 잎은 먹이곤충을 잡는 덫으로 사용되는데, 먹이곤충을 소화한 후에는 다시 열린답니다.

끈끈이주걱의 작은 잎은 동물의 촉수처럼 생긴 긴 털로 덮혀 있는데 그 끝에는 달콤하고 끈끈한 액체 방울이 매달려 있어요. 곤충들은 이 액체 방울에 유인된답니다. 곤충이 걸리면 잎의 긴 털이 곤충을 꼼짝 못하게 감싸요. 이 털은 곤충이 몸부림칠수록 더 오그라들고요. 잠시 후 긴 털에서 먹이를 소화하는 효소가 분비되지요.

벌레잡이제비꽃은 많은 샘들이 잎에 흩어져 있는데 그중 일부 샘에서는 끈끈한 액체가 분비돼요. 이 액체에 파리나 개미 등이 달라붙어 몸부림치면 다른 샘에서 소화효소를 분비하지요. 이 효소들은 먹이곤충 주변에 흥건하게 고여 이놈들을 소화시켜요. 이렇게 소화된 먹이는 잎 안으로 스며들어 식물 전체에 골고루 운반된답니다.

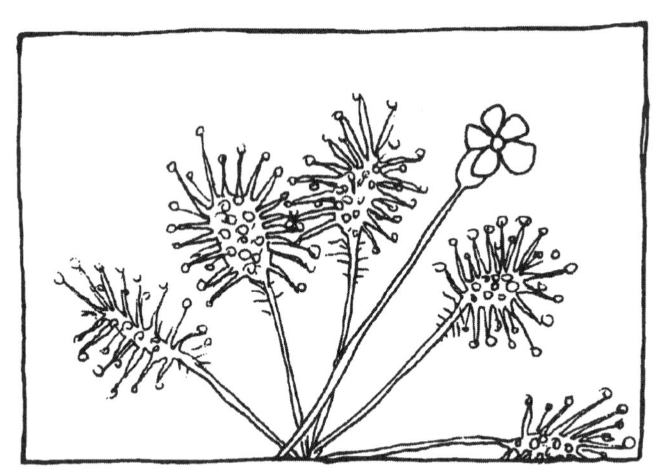

잎이 주걱 모양인 끈끈이주걱

내용물

사마귀 사마귀 알집은 야외에서 직접 채집할 수도 있고 과학재료상에서도 구입할 수 있지만 가능하면 직접 채집하는 것이 좋아요. 알집은 몇 달 정도는 냉장고에 넣어 두어도 괜찮아요. 사마귀를 기를 준비가 되었을 때 냉장고에서 꺼내 칼럼 안에 넣으세요.

먹이 준비 알에서 어린 사마귀들이 깨어나기 전에 이들에게 먹일 초파리를 충분히 준비해야 해요(60쪽 참고). 칼럼은 기르려는 사마귀의 수만큼 만들어야 해요.

2~6주 후에 수백 마리의 어린 사마귀들이 알집에서 쏟아져 나올 거예요. 이놈들은 12시간 내에 물을 먹어야만 해요. 그래서 어린 사마귀들이 부화할 무렵에는 심지에 물을 충분히 적셔 놓아야 한답니다. 어린 사마귀들을 같은 병에 넣어 두면 따로 먹이가 필요 없어요. 이들은 배가 고프면 서로 잡아먹으니까요. 이것이 자연에서 어린 사마귀들이 죽는 일반적인 이유랍니다.

칼럼 안에 식물이나 나뭇가지도 넣어 주세요. 그래야 사마귀들이 식물이나 나뭇가지를 타고 올라가 물을 먹을 수 있고 그 위에 앉아 있는 초파리도 잡아먹을 수 있거든요. 칼럼 1개에 어린 사마귀 2마리씩을 넣고 그 아래에는 초파리를 키우는 필름통을 1~3개 놓으세요.

먹이 사마귀는 많이 먹을수록 빨리 자라요(그렇다고 사마귀에게 억지로 먹이를 먹일 수는 없어요). 사마귀는 살아 있는 것만 먹는답니다. 그러니까 매일 신선한 먹이를 공급해 주고 수분 공급 장치에는 항상 물을 가득 채워 놓으세요.

시간이 지나면 사마귀는 초파리만 먹고는 살 수 없을 만큼 크게 자랄 거예요. 이때에는 집파리나 귀뚜라미 또는 바퀴벌레와 같이 몸집이 큰 곤충을 먹이로 주세요. 이런 곤충들을 잡기가 어렵다면 애완동물 가게나 과학재료상에 가 보세요. 쉽게 구할 수 있어요.

성장 사마귀는 자라면서 6번 정도 허물을 벗어요. 이렇게 허물을 벗고 성장하는 것을 탈피라고 해요. 마지막 탈피를 하면 길고 멋진 날개가 생기는데, 이것은 사마귀가 이제 다 자랐고 짝짓기 할 준비가 되었음을 뜻해요. 다 자란 사마귀들의 몸길이는 7~10cm예요.

주의   사마귀는 탈피 전후에 아주 연약해져요. 이때는 적을 방어할 힘이 없어서 큰 귀뚜라미나 다른 사마귀에게 잡아먹힐 수도 있어요. 따라서 사마귀가 탈피할 무렵에는 큰 귀뚜라미나 다른 사마귀를 병 안에 함께 두지 마세요.

기르는 장소 사마귀는 상온이 유지되는 실내에서 아주 잘 성장해요.

야생 사마귀   곤충 세계에서 사마귀는 호랑이예요. 사마귀가 먹이를 움켜쥐는 장면을 보면 섬뜩할 정도예요. 사마귀는 먹이를 많이 주면 왕성하게 활동해요.

사마귀는 야생에서 덤불이나 풀 위에 꼼짝 않고 앉아 있다가 근처를 지나는 귀뚜라미나 자신에게 날아오는 파리를 순식간에 잡아먹어요. 사마귀 암컷은 수컷보다 배가 훨씬 크기 때문에 쉽게 구별할 수 있어요. 사마귀는 늦여름에 짝짓기를 하며 짝짓기 한 암컷은 약 100개의 알이 든 알집을 15개 이상 만들어요.

여러분은 야외에서 나뭇가지나 식물의 줄기에 붙어 있는 3~8cm 정도의 그을린 듯한 단단한 사마귀 알집을 본 적이 있을 거예요. 이듬해 봄이면 그 알집에서 어린 사마귀들이 깨어난답니다. 어린 사마귀들은 여름에 탈피를 몇 번 더 하고 마침내 날개 달린 성충이 된답니다. 이때 사마귀들은 짝짓기 할 준비도 되어 있지요.

내용물

거미 거미는 그 모습과 크기가 정말 다양해서 지금까지 세계에 38,000종 정도가 알려져 있어요. 거미는 곤충과 다르며 거미와 거미의 친척들을 아울러 영어로는 아라크니드(Arachnid)라고 해요.

아라크니드는 고대 그리스 신화에 나오는, 길쌈을 아주 잘하여 지혜의 여신인 아테네에게 도전하였다가 아테네의 미움을 사서 거미가 된 소녀 아라크네(Arachne)의 이름에서 비롯된 거예요. 대부분의 거미는 눈이 8개이고 곤충을 주로 잡아먹어요. 그리고 모든 거미들이 그물을 치지는 않아요.

관찰할 거미 선택 칼럼에서 관찰하기 좋은 거미는 몸집이 작으면서 그물을 치는 거예요. 이런 거미는 학교나 집 어디에서든 쉽게 발견할 수 있어요. 그중에서도 비교적 작은 1마리를 골라 칼럼 안에 넣어 주세요.

그런데 그 거미가 새로운 환경에 적응하지 못하여 24시간 이내에 그물을 치지 않으면 놓아 주고 다른 거미를 잡아 넣으세요. 거미들은 교실처럼 넓은 곳에서도 잘 살아요. 특히 교실에 두면 「분해 칼럼」 주변에 들끓어 성가시게 하는 초파리를 잡아먹어 줄 거예요.

거미의 알주머니에서 어린 거미들을 부화시킬 수도 있어요. 거미 암컷들은 알주머니를 늦여름에 만드는데 그물에 걸려 있는 알주머니를 발견하기란 그리 어렵지 않아요. 알주머니를 칼럼 속의 나뭇가지에 매달아 볕이 잘 드는 장소에 놓아 두면 1~2달 안에 어린 거미들이 깨어나와요.

깨어난 거미들의 행동을 유심히 지켜보세요. 수백 마리의 작은 거미들이 집 만들 장소를 찾기 위해 나뭇가지에 기어오르는 광경을 볼 수 있을 테니까요. 칼럼 안에 어린 거미를 몇 마리만 남겨 두고 나머지는 밖에 놓아 주세요.

서식처 거미들은 나뭇가지나 막대기를 이용해 그물을 붙여요. 따라서 칼럼 안에 나뭇가지나 막대기를 대각선으로 설치해 주세요. 또 칼럼 안에 작은 식물들도 함께 키우세요. 이 식물들은 거미들이 생활하기에 충분한 수분을 공급해 줄 거예요. 물론 수분 공급 장치에 항상 물을 가득 채워 놓아야 해요.

다루는 방법 거미들은 옮기기가 아주 편해요. 곤충처럼 날개가 달린 것도 아니어서 잘 도망가지도 않아요. 나뭇가지 위에 기어오르거나 거미줄에 매달린 거미를 그냥 옮기면 돼요.

수륙환경 칼럼

하늘에서 떨어지고 우리 몸속에도 흐르며 우리 발밑의 토양 속을 흘러 다니다가 웅덩이나 호수에 모입니다. 그리고 증발하여 다시 하늘로 돌아가는 끊임없이 순환하는 이것은 무엇일까요?

육지와 바다 그리고 대기 사이를 순환하는 물은 육지에 사는 생물들과 물속에 사는 생물들을 연결하는 중요한 고리예요.

물은 비의 형태로 육지에 떨어져 다양한 용도로 사용되며, 농경지나 산림의 토양에 스며들었다가 마침내 강과 호수, 바다로 흘러들어 가지요.

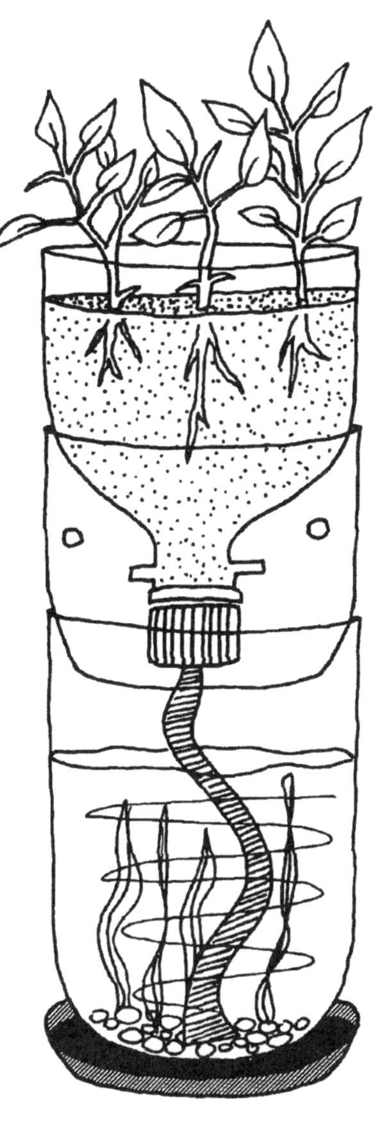

물은 식물 부스러기, 토양, 영양분, 농약, 도로 위의 오염 물질이나 자동차에서 흘러나온 기름 등 아주 다양한 물질과 함께 이동하는데 이것들은 물에 사는 생물들에게 중대한 영향을 미쳐요. 자연 상태에서 물은 오염되었더라도 보통 토양을 통과할 때 여과되어 깨끗해진답니다.

이 칼럼을 통해 육지와 물의 관계를 살펴볼 수 있어요. 이 칼럼은 토양, 물, 식물 이렇게 세 요소로 구성되어 있어요. 이 요소들이 전체 환경에 어떤 영향을 미치는지 알려 줄 거예요.

염분은 식물의 성장에 어떤 영향을 끼칠까요? 토양에 뿌린 비료는 물에 사는 조류에게 어떤 영향을 미칠까요? 어떤 토양이 물을 가장 깨끗하게 할까요?

이 칼럼으로 할 수 있는 실험은 너무나 많아요. 이제 여러분이 알고 싶은 내용의 칼럼을 설계하여 그 궁금증을 풀어 보세요.

핵심과학용어　육상생태계와 하천생태계, 물의 순환, 토지 이용과 수질, 오염원, 생태학, 토양학, 농업.

1. 병의 상표를 떼어 내고 바닥이 있는 병이라면 1개는 바닥까지 떼어 내세요.

2. 바닥을 떼어 낸 병의 어깨에서 6~7cm 아래를 잘라 내면 끝이 반듯한 몸통 B가 만들어져요. B의 허리에서 1~2cm 아래의 굴곡진 부분도 잘라 내세요.

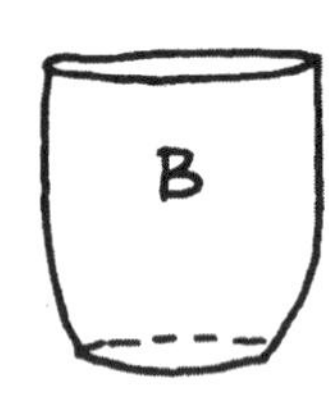

3. 다른 병의 어깨에서 2cm 아래를 잘라 내면 끝이 반듯한 몸통 C가 만들어져요.

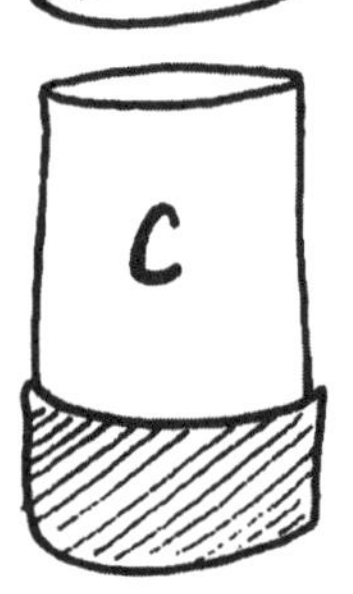

4. 심지가 쉽게 들어갈 수 있도록 송곳이나 꼬챙이로 뚜껑에 약 1cm의 구멍을 뚫은 후 A에 끼워 놓으세요.

5. 몸통 B에 A를 뒤집어 끼우고 이음매 부분을 테이프로 단단히 붙이세요. 그러고 나서 이것을 C에 끼우세요.

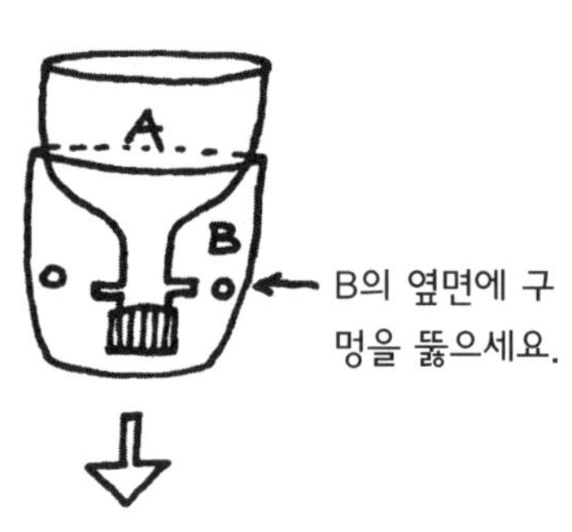

6. 심지는 폭은 1~2cm, 길이는 칼럼 높이보다 약간 짧게 자르세요. 심지는 물에 적셔 아래 그림처럼 끼우세요.

흙을 넣을 때는 심지가 흙 속에 잘 묻히도록 해야 해요. 심지가 칼럼 옆면에 달라붙거나 흙 위로 삐져나오지 않도록 말이지요. 내용물을 칼럼 안에 채운 뒤 B와 C를 테이프로 단단히 붙이세요.

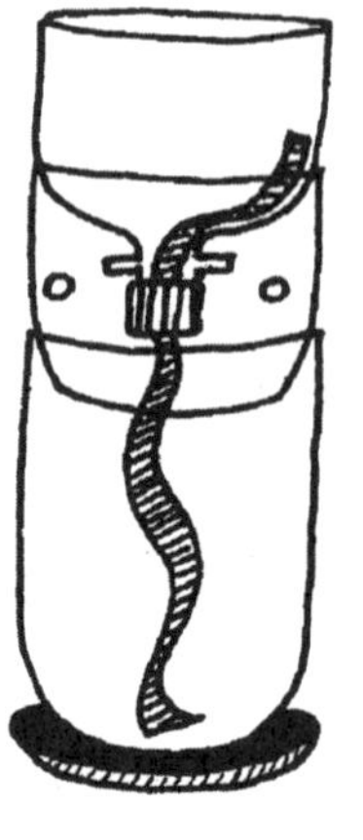

내용물

칼럼의 내용물 이 칼럼의 기본 요소는 물, 토양 그리고 식물이에요. 육상생태계와 하천생태계는 어떻게 상호작용을 할까요?

이 칼럼 윗부분에서 자라는 식물들은 토양에서 양분을 얻어요. 그리고 심지를 통해 토양 아랫부분에 만들어 준 하천 환경에서 물과 성장에 필요한 다른 물질들을 흡수해요. 여러분이 토양 위에 첨가해 주는 물질들은 토양 아래로 이동하여 하천 환경에 스며들게 되지요.

육지와 하천의 상호작용 비료나 농약 등이 하천이나 지하수를 오염시킬까요? 도로 위의 염분이나 농업용수 또는 짠 바닷물은 어떤 문제를 일으킬까요? 쓰레기도 지하수를 오염시킬까요?

토양, 물 그리고 식물 이 칼럼의 윗부분에는 여러분이 직접 퍼 온 흙이나 화원에서 판매하는 화분용 흙을 넣어 육지 환경을 만드세요. 그리고 하천 환경이 될 아랫부분에는 수돗물이나 연못물, 호수 물, 웅덩이 물 또는 어항 속의 물을 넣어 주세요.

여러분이 사용하는 흙이나 물에는 조류, 식물성 플랑크톤, 식물의 씨앗 또는 곤충의 유충이 들어 있을 수도 있어요. 하지만 수돗물이나 화원에서 구입한 흙에는 이들이 훨씬 적을 거예요(이 차이를 관찰하려면 이 칼럼 중 하나에는 근처 숲이나 공원의 흙과 물을 채우고 또 다른 칼럼에는 화원에서 구입한 흙과 수돗물을 넣어 보세요. 토양 생물에 대한 더 많은 내용은 45쪽 참고).

육상식물과 수생식물은 육상생태계와 하천생태계의 상호작용을 알게 해 주는 훌륭한 지표생물이에요. 짧은 시간에 이 상호작용을 관찰하고 싶다면 성장이 빠른 식물을 이용하세요. 잔디가 그런 식물 중 하나랍니다. 목초지 풀들은 성장은 늦지만 뿌리를 깊게 내려 관찰하기에 흥미로운 대상이에요. 무나 콩도 좋은 재료인데 마른 콩은 심기 전에 하루 정도 물에 불려야 해요.

빨리 자라 생활사가 짧은 식물들이 이 칼럼을 만들기에 적당해요.

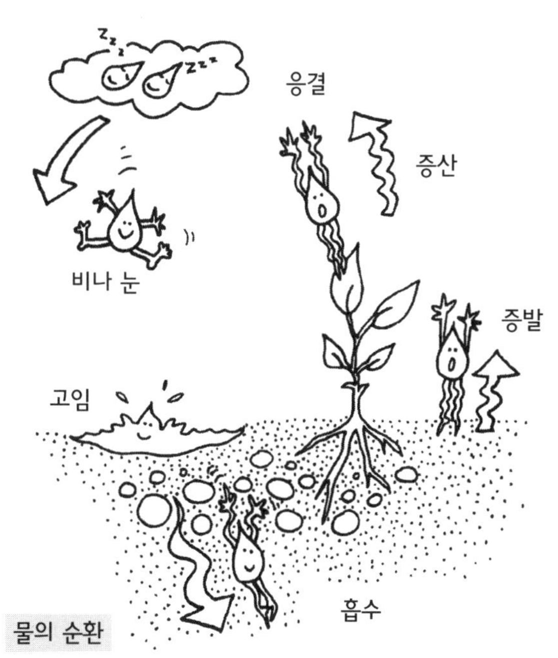

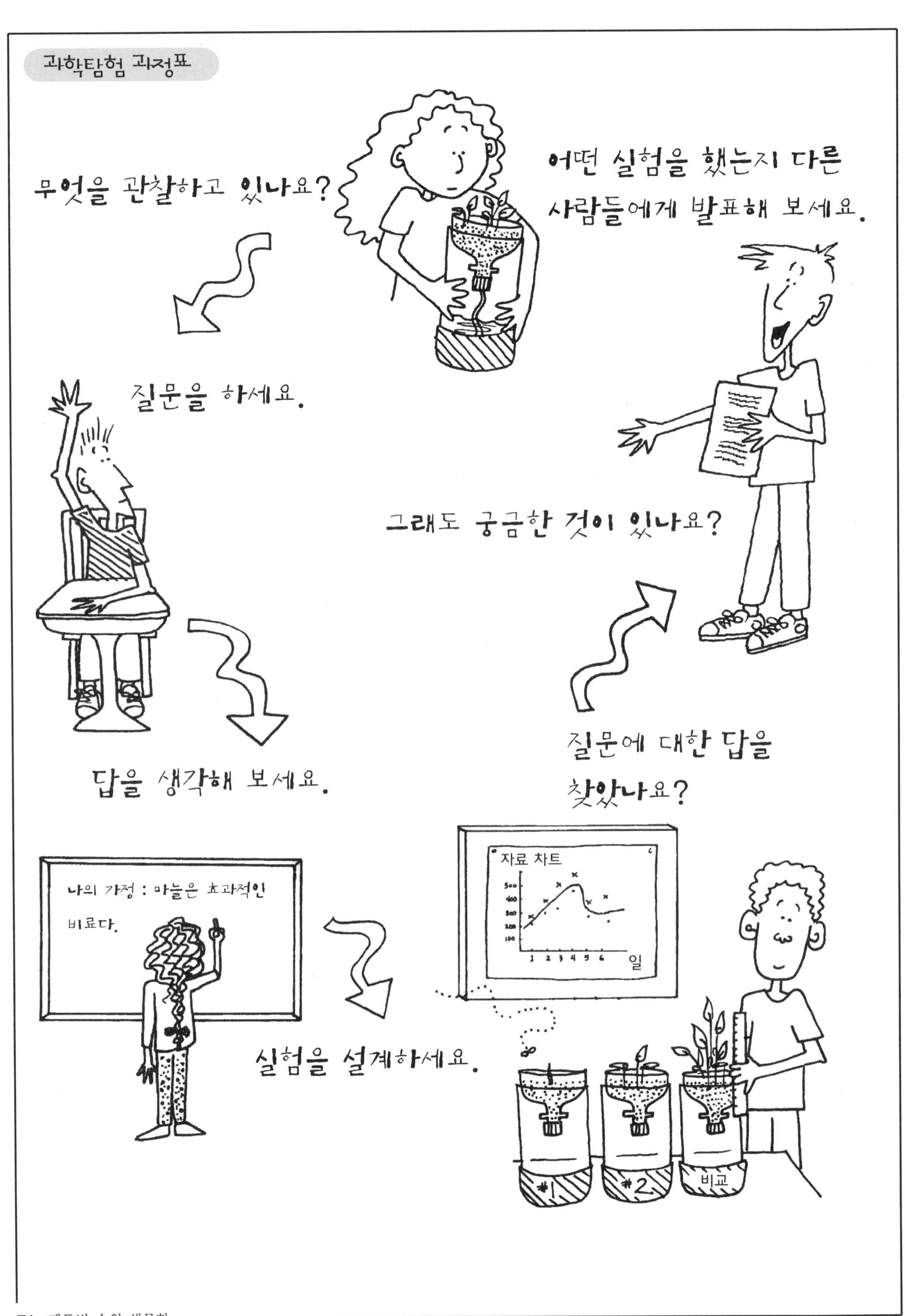
무엇을 관찰하고 있나요?
어떤 실험을 했는지 다른 사람들에게 발표해 보세요.
질문을 하세요.
그래도 궁금한 것이 있나요?
답을 생각해 보세요.
질문에 대한 답을 찾았나요?
나의 가정 : 마늘은 효과적인 비료다.
자료 차트
일
실험을 설계하세요.
#1
#2
비교

단순하지만 복잡한 세계 이 칼럼은 단순해 보이지만 복잡한 세계의 특수한 현상을 이해하게 해 줘요. 예를 들어, 집 주변 호수에 갑자기 많은 조류가 발생했다고 상상해 보세요.

호수에 영향을 주는 모든 환경 요소를 생각하면 그 원인을 찾아내기가 힘들어요. 이럴 때 이 칼럼을 몇 개 만들어 보세요. 그리고 호수의 물과 그 근처의 흙을 가져와 서로 조건이 다른 환경을 만들어 놓고 어느 곳에서 조류가 가장 잘 자라는지 관찰해 보세요.

관찰이나 실험은 아주 복잡해질 수 있어요. 따라서 궁금한 내용을 미리 정리하여 목적에 맞도록 실험 설계를 하세요. 그러면 성공적인 결과를 얻을 거예요.

변화 요인 여러분의 실험 결과에 영향을 미치는 것들은 다음과 같아요.

● 토양, 물 그리고 식물의 형태와 양 : 기억해 두어야 할 것은 어떤 토양과 물에는 조류, 진균, 응애, 물벼룩 들이 들어 있을 수도 있다는 거예요.
● 육상과 하천생태계에 영향을 주는 물질 : 양분(비료) 또는 오염 물질(염분, 농약, 산성 물질 등)
● 실험 계획 : 물질들의 양을 달리하면서 실험해야 해요. 어떤 물질들은 토양에 만 넣고 실험해 보고, 또 물에만 넣고 실험해 보세요. 식물의 성장 단계에 따라 실험해 보는 것도 좋고요.
● 물리적인 요인들 : 온도, 빛, 소리 등(식물에게 소리를 지르거나 노래를 들려 주세요. 어떤 학생은 클래식과 팝송 그리고 시끄러운 음악을 들려 주면서 식물을 키웠대요. 그랬더니 팝송을 들은 식물이 가장 잘 자랐다고 해요!!)

여러분이 사는 곳의 토양을 「수륙환경 칼럼」에 채워도 돼요.

지표   칼럼 안의 변화를 알려 주는 지표는 여러분의 실험에 반응하여 변하는 식물과 동물의 성질 또는 다른 어떤 생태계의 특징이 될 수 있어요. 보통 지표로 이용되는 것들은 육상식물과 수생식물 그리고 토양과 물의 pH까지 다양한 특성들을 포함하지요.

예를 들어 식물을 지표로 한다면 씨앗의 발아율, 식물의 키와 무게, 잎 크기와 형태, 뿌리 구조, 꽃의 수, 수명, 생식 능력 등을 기준으로 할 수 있어요. 하천생태계에서 지표는 시간이나 환경에 따라 변하는 조류나 개구리밥의 수가 될 수도 있어요. 물이 탁해지면 조류나 개구리밥이 감소하지요. 여러분은 또한 여러 물질들이 식물에 미치는 영향을 조사하기 위해 '생물검정(103쪽 참고)'을 할 수도 있어요.

비교   이 실험에서는 각 실험 결과와 비교할 기준이 되는 칼럼이 있어야 해요. 이 칼럼에는 어떤 처리도 하면 안 돼요. 그래야 무엇이 변했는지 알 수 있거든요.

실험은 간단히   이 칼럼은 단순하지만 아주 변화가 빠른 환경이에요. 따라서 한 번에 한 가지 요인만 관찰할 수 있도록 실험하세요.

실험에 많이 사용되는 물질로는 비료, 농약, 산성비, 기름 등이 있어요. 염분이 물을 어떻게 오염시키는지 알아보는 실험 과정은 다음 쪽에 나오며 다른 물질도 이 방법으로 실험하면 돼요.

식물의 키는 칼럼 안의 변화를 알려 줘요.

염분이 일으키는 오염 | 소금은 식물의 성장에 영향을 줄까?

겨울철에 도로의 눈이나 얼음을 녹이기 위해 염화나트륨이나 염화칼슘을 뿌리지요? 그런데 이 염분이 주변 식물의 성장이나 하천생태계에 심각한 영향을 줄 수 있어요. 아래의 질문과 답은 「수륙환경 칼럼」을 통해 어떤 실험을 할 것인지 그리고 칼럼은 어떻게 구성할 것인지를 알려 줄 거예요.

실험 주제는? 겨울철 눈이나 얼음이 녹은 물에 용해된 염분은 식물에 영향을 줄까요?

실험 전에 미리 예상한 내용(가설이라고 해요)은? 높은 농도의 염분은 식물의 성장을 저해한다.

실험에 적용할 변화 요인은? 식물에 준 물에 함유된 염분 농도.

실험에서 변하지 않는 요소는? 토양, 물, 식물 그리고 염분을 처리한 시간, 온도와 빛과 같은 물리적 조건.

실험에 필요한 재료

- 토양과 물 50㎖가 담긴 「수륙환경 칼럼」 4개
- 잔디 씨앗, 무 등 빨리 자라는 식물들
- 라벨 4장
- 도로에서 채취한 염분이나 실험용 염화나트륨 또는 굵은 소금, 양념으로 사용하는 소금에는 요오드가 포함되어 있으니까 사용하지 않는 게 좋아요.
- 점안병 또는 스포이드
- 토양의 pH를 측정하는 토양 분석 도구(없어도 상관없어요)

실험 과정

1. 씨앗을 4개의 「수륙환경 칼럼」에 심으세요.

2. 싹이 나면 첫 번째 칼럼에 '비교'라고 쓴 라벨을 붙이세요. 두 번째 칼럼엔 소금 0.5%, 세 번째 칼럼엔 1.0% 그리고 마지막 칼럼에는 5.0%라고 쓴 라벨을 붙이세요.

3. 0.1%, 1.0% 그리고 5.0%의 소금물을 준비하세요(예를 들어 0.1%의 소금물에는 물 100㎖당 소금 0.1g 이 녹아 있는 것이고 물 1ℓ에는 1g의 소금이 녹아 있는 것이지요. 밀도에 대해선 40쪽 참고).

4. 각 칼럼에 농도를 맞춘 소금물을 10㎖씩 넣어 주세요. 점안병을 이용하여 5㎖는 토양에, 나머지 5㎖는 물이 담긴 하천 환경에 넣어 주세요. 비교 칼럼에는 일반 물을 넣으세요.

5. 매달 날짜를 정하여 같은 방법으로 물을 넣어 주세요.

6. 식물의 성장을 관찰하여 식물의 키와 잎의 수, 크기, 색깔 등을 정기적으로 기록하세요. 식물의 변화를 정확히 기록하려면 사진을 찍어 두는 것이 좋아요.

7. 토양의 pH를 측정하세요(38쪽 참고).

8. 이 실험을 반복해 보세요. 아니면 여러 개를 동시에 실험해도 돼요. 같은 결과가 나오나요?

실험 결과가 여러분의 예상과 일치하나요? 어떤 학생들은 소금물의 농도가 진해질수록 식물의 성장에 나쁜 영향을 준다는 사실을 알아냈어요. 다른 학생들과 결과를 놓고 토론해 보세요. 보고서를 쓰고 실험 결과를 그래프로 나타내 보세요.

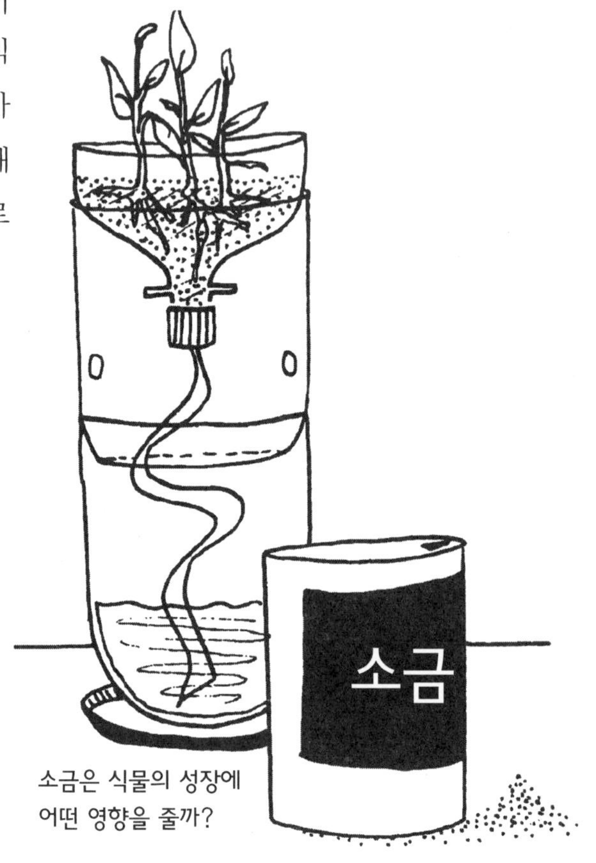

소금은 식물의 성장에 어떤 영향을 줄까?

물의 순환 칼럼 | 빗물은 깨끗한가?

물의 흐름 「물의 순환 칼럼」은 자연계에서 일어나는 물의 이동 과정을 알아보는 데 가장 좋은 방법이에요. 이 실험을 통해 물이 순환되는 과정, 물과 대기가 오염되었다가 정화되는 과정도 이해할 수 있어요. 오염된 물이 순환을 통해 깨끗해지는 과정을 상상해 보세요. 그런데 이 과정에서 토양과 식물은 어떤 역할을 할까요?

순환 과정 이 칼럼 안에서 물은 모세관현상(모세관현상에 대한 자세한 내용은 106쪽 참고)을 통해 하천에서 토양으로 이동해요. 토양에서 증발된 물은 칼럼의 가운데 방에서 수증기가 되지요. 수증기는 식물의 증산작용(식물의 잎에서 물이 증발하는 것)으로도 만들어진답니다.

이 수증기는 칼럼 위쪽의 얼음물 때문에 냉각되어 거꾸로 꽂힌 위쪽 병의 차가운 표면에 응결되어 달라붙어요. 이것은 대기 중의 수증기가 모여 구름을 형성하는 것과 같은 원리예요. 응결된 물방울은 결국 아래로 떨어져 심지를 타고 흘러내리지요. 이것이 비나 눈이 내리는 원리랍니다.

이 물을 필름통에 모아 보세요. 빗물이나 눈 녹은 물이 연못이나 호수, 바다에 모이듯이 말이에요. 그런데 필름통에 모인 물이 얼마나 깨끗한지 어떻게 알아낼 수 있을까요? 「물의 순환 칼럼」을 만들어 이에 관련된 더 많은 사실을 알아보기로 해요.

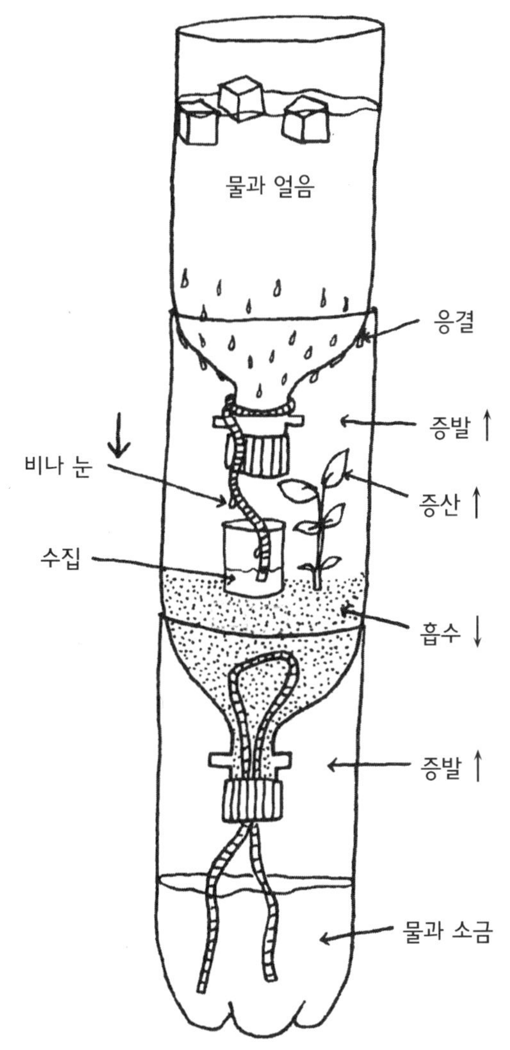

물의 순환 칼럼

1. 병의 상표를 떼어 내세요.

2. 병 1개는 어깨 바로 아래를 자르는데 이때 끝부분이 반듯하게 자르세요.

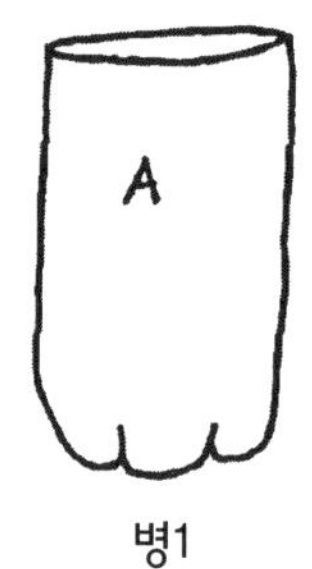

3. 나머지 병 2개는 허리 위 또는 바닥 바로 위를 자르는데 역시 끝부분이 반듯하게 자르세요.

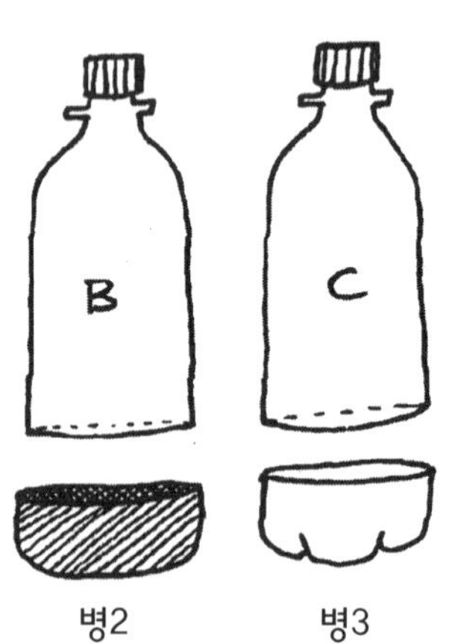

4. 구멍 뚫은 뚜껑을 B에 끼우세요. 40cm 정도의 심지를 고리 모양으로 만들어 뚜껑을 통해 B 안으로 밀어 넣으세요. 뚜껑 밖으로 나온 두 가닥의 심지 길이는 약 5cm가 되도록 하세요.

5. 구멍을 뚫지 않은 나머지 뚜껑을 C에 끼우세요. 20cm 의 심지를 C의 목에 묶은 후 심지가 약 7cm 아래로 늘어 지도록 하세요.

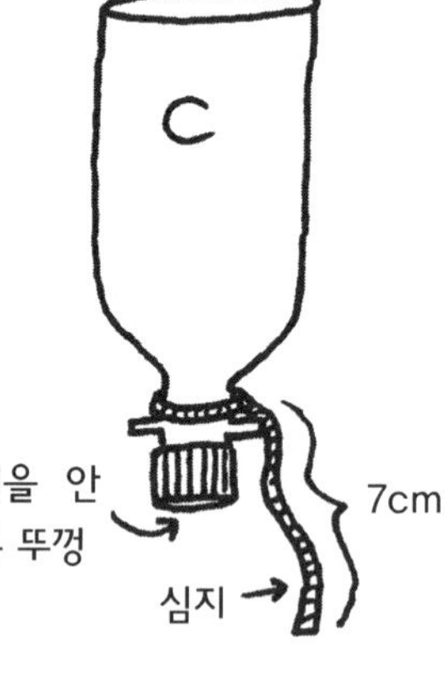

6. 그림과 같이 칼럼을 조립하세요.

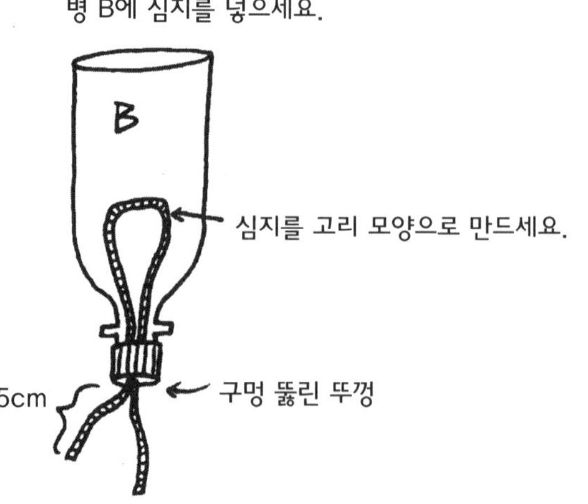

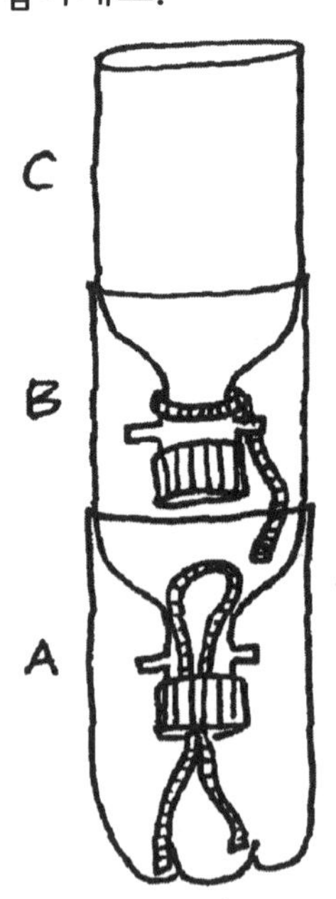

내용물

물과 토양 그리고 식물 심지 2개를 모두 물에 충분히 적시세요. 그리고 물 150㎖를 A에 부으세요. 이 물의 변화를 통해 물의 순환을 관찰할 거예요.

B에는 고리 모양의 심지를 덮을 정도로만 촉촉한 흙을 넣어 주세요(약 200cc 또는 음료수 컵으로 1컵). 이때 심지가 흙에 눌려 옆으로 쓰러지면 안 돼요.

배추나 무같이 빨리 자라는 식물의 씨앗 2~3개를 B에 심으세요. 칼럼을 사용하지 않을 때에는 C를 B에서 떼어 놓으세요. 그러면 B에 공기가 들어가 씨앗이 싹을 틔우면서 성장할 거예요.

B의 토양 가운데에 필름통을 놓고 C에 묶은 심지가 필름통 안으로 들어가게 하세요. 필름통이 너무 길면 적당히 잘라 내어 사용하거나 필름통 대신 병뚜껑을 사용해도 좋아요(79쪽 참고).

C에 얼음물을 채우세요. 이때 물을 채운 뒤 얼려서 사용해도 돼요.

실험

산성비의 원인 | 산성비는 환경에 어떤 영향을 줄까?

소금도 이동할까? A의 물에 소금을 넣어 보세요. 그리고 이것을 비로 내리게 해 보세요. 비로 내려 필름통에 모인 물은 짤까요? 그런데 증발한 바닷물은 왜 짜지 않을까요?

다른 오염 물질을 토양이나 물에 넣어 보세요. 빗물이나 토양이 오염되었다는 것을 어떻게 알 수 있을까요(필름통 안에 약간의 이끼를 넣고 이 이끼를 물이 얼마나 깨끗한지 보여 주는 지표로 사용하세요)?

열 칼럼에 백열전구를 가까이 두어 열을 가하면 어떤 일이 일어날까요?

산성비 만들기 B의 안쪽과 바깥쪽에 pH 측정지를 테이프로 붙인 후 물 한 방울로 측정지를 적시세요. 그리고 B의 옆면에 작은 구멍을 뚫으세요.

짧은 심지를 만들고 그 끝에 황가루를 묻히세요(황은 약국이나 공구상, 화원 또는 과학재료상에서 구할 수 있어요). 그 심지에 불을 붙였다가 곧바로 끄면 연기가 날 거예요. 그때 재빨리 심지 끝을 B의 구멍에 넣으세요. 몇 초 뒤 심지를 빼고 구멍을 테이프로 막은 후 안팎의 측정지의 색깔을 보세요. 내부에 어떤 변화가 있나요?

황은 타면서 이산화황을 만들어요. 이 이산화황은 산성비의 원인으로, 석탄이 연소할 때 생기지요. 산성비는 칼럼 안의 식물이나 토양 그리고 물에 어떤 영향을 줄까요?

황처럼 불이 잘 붙는 물질을 다룰 때는 특히 조심하세요!

생태 칼럼

인간이 아닌 다른 생물들이 세상의 일부를 차지하고 있다고 생각해 보세요. 여러분의 집 안팎에 사는 곤충에는 어떤 것들이 있나요? 학교나 보도블록 주변에는 어떤 식물들이 살고 있나요?

여러분의 이웃인 이러한 생물들은 어떻게 살아가나요? 이들도 집을 짓던가요? 또 이들은 집을 짓는데 어느 정도의 공간을 차지하던가요?

창문에 그물을 치고 있는 거미는 무엇을 먹나요? 서식처를 차지하려고 경쟁하는 서로 다른 종류의 식물들을 집 밖이나 공원 등에서 본 적이 있나요? 연못이나 강에 사는 물고기들은 먹이를 어디에서 얻나요?

이 칼럼을 통해 여러분은 우리 주변에 살고 있는 생물들의 서식처를 병 안에 만들어 줄 수도 있어요. 거미, 달팽이, 초파리, 진균 그 외 많은 종류의 미생물과 식물들에게 필요한 집을 만들어 주는 거지요.

이 칼럼을 만드는 방법을 이제 어느 정도 짐작할 수 있을 거예요. 이 칼럼을 구성하는 다양한 요소들은 먹이사슬로 연결되어 있어요.

예를 들어, 바나나 껍질은 효모, 효모는 초파리, 초파리는 그 안에 같이 사는 거미의 먹이가 될 거예요.

칼럼 위에서 물을 부어 주세요. 그리고 토양을 통과하면서 깨끗해진 물이 맨 아래 어항에 떨어지도록 하세요. 물론 이 칼럼 설계는 여러분의 상상력에 따라 무한히 달라질 수 있어요.

칼럼을 만들기 전에 생물들의 서식처를 어떻게 만들고 유지할 것인지 생각해 보세요. 생태적 지위(91쪽 참고)를 알면 생물들이 서식처 만드는 방법도 알 수 있을 거예요.

핵심과학용어

생태계, 에너지, 물과 양분의 순환, 먹이그물, 적응, 포식, 공생, 경쟁, 질소 순환, 생활사, 생태적 지위, 분해.

재료

- 뚜껑이 똑같은 2ℓ 병 2개 이상
- 병뚜껑 1개
- 필요한 도구들(14쪽 참고)
- 물, 흙, 식물, 퇴비, 초파리, 거미, 달팽이 등

1. 병 2개의 상표와 바닥을 떼어 내세요.

2. 1번 병은 어깨에서 1cm 아래, 허리에서 1cm 위를 잘라 내세요.

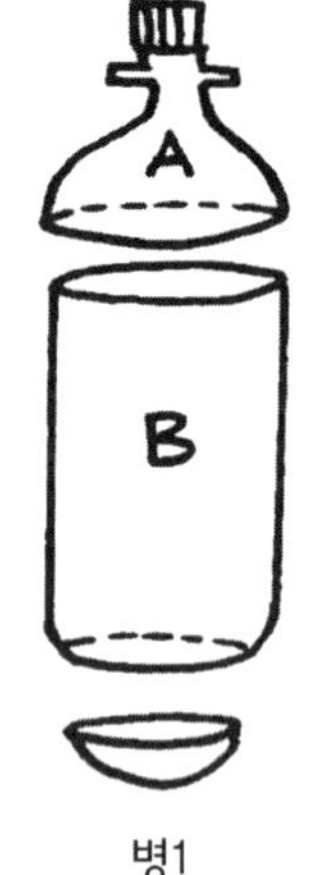

병1

3. 2번 병은 어깨에서 1cm 아래를 잘라 내세요.

병2

4. A를 B에 끼워 넣고 테이프로 단단히 고정하세요. 물이 새지 않도록 하려면 실리콘 접착제로 붙이세요.

5. 필요한 환경의 종류만큼 칼럼을 만들어 쌓으세요. 뚜껑과 병의 윗부분에 구멍을 뚫어 서로의 환경이 연결될 수 있도록 하세요. 칼럼 내용물에 대해서는 아래 그림과 다음 쪽을 참고하세요. 실험 도중에 칼럼을 열어 볼 필요가 없는 모든 칼럼들은 테이프나 실리콘 접착제로 단단히 붙이세요.

뚜껑에 구멍을 뚫어 →
각 칼럼의 환경이 서로
연결되도록 하세요.

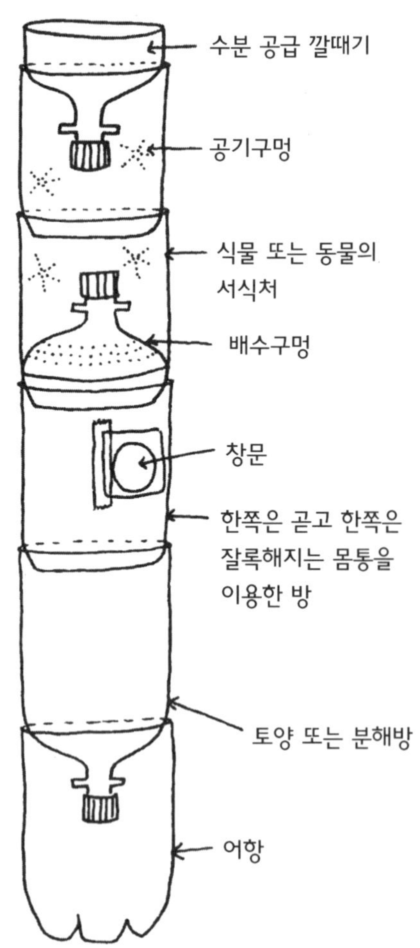

내용물

지금까지의 내용을 잘 살펴보았다면 이 칼럼에 들어갈 내용물을 결정하는 데 큰 어려움은 없을 거예요. 여러분은 이제 71쪽의 「수륙환경 칼럼」, 45쪽의 「토양 칼럼」, 23쪽의 「분해 칼럼」과 59쪽의 「먹이사슬 칼럼」 등을 쉽게 결합할 수 있을 거예요.

다음 내용들은 각 방을 설계하고 그 내용물을 결정하여 하나의 칼럼으로 조립하는 데 많은 도움이 될 거예요. 단, 「생태 칼럼」은 오랫동안 관찰해야 하는 실험이에요. 따라서 방학 중이라면 집으로 옮겨 계속해서 관리해 주어야 해요.

수분 공급 칼럼에 수분을 공급하려면 수분 공급 깔때기로 사용하는 병의 아래에 구멍을 2~3개 뚫으세요.

 **주의** 여러분은 병의 윗부분이나 바닥을 사용하여 「생태 칼럼」을 외부 환경과 단절된 폐쇄된 환경으로 만들 수도 있어요.

칼럼의 변형

「생태 칼럼」을 구성하는 칼럼을 다른 형태로 만들고 싶어 하는 선생님도 있을지 모르겠네요. 아마 깔때기 역할을 하는 칼럼 위쪽 A와 몸통 B가 만나는 곳에서 물이 새어 나오는 단점이 있기 때문이겠지요. 이 문제는 물이 각 칼럼에 고여 있다든지 각 칼럼으로 공급되지 않아도 되는 칼럼을 만들면 해결돼요.

1. 어깨에서 2cm 아래를 자르고, 또 허리에서 2cm 위를 잘라 내세요.

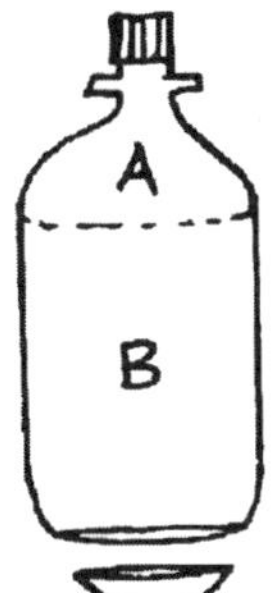

2. B를 뒤집어서 A에 끼우고 테이프로 단단히 고정하세요.

공기구멍 칼럼 안의 생물들이 호흡할 수 있도록 어항에 공기구멍을 많이 뚫으세요. 구멍은 초파리 같은 작은 생물들이 탈출하지 못하게 가능한 한 작게, 그리고 채울 물 위치보다 위쪽에 뚫으세요.

어항과 생물연못 생물연못은 물 저장 기관을 가진 식물이나 수생생물들이 지니고 있는 작은 연못을 의미해요. 예를 들어 나뭇가지 2개가 만나서 만들어지는 홈에는 연못처럼 빗물이 고이는데, 이 물은 딱정벌레나 파리, 모기 그리고 많은 미생물에게 중요한 생명수가 되지요. 이 연못과 같은 역할을 하는 식물의 기관이 주머니 모양의 잎, 벌레잡이식물의 꽃, 대나무의 줄기랍니다.

어항은 물이 새지 않도록 만들어야 해요(19쪽 참고). 어항에 물을 채우고 나서 달팽이, 조류, 개구리밥 또는 수생곤충 등을 넣어 주세요. 어항 속의 화학적 성질은 위쪽 방에서 흘러내린 물의 성질에 큰 영향을 받는다는 것을 명심하세요. 생물연못에 고인 물은 뚜껑에 뚫어 놓은 작은 구멍을 통해 아래쪽 칼럼으로 흘러들어요.

과일 분해와 초파리 사육 초파리의 먹이인 과일과 낙엽 같은 식물 부스러기로 「분해 칼럼」을 채우세요(23쪽 「분해 칼럼」과 60쪽 「초파리 덫」 참고). 중간 칼럼의 창문은 초파리에게 먹이를 공급하려고 만든 거예요. 창문은 다른 병에서 잘라 낸 조각을 테이프로 붙여 여닫을 수 있게 만드세요. 이때 이 문과 칼럼이 잘 밀착되어야 초파리가 빠져나가질 않아요. 「분해 칼럼」 뚜껑에 구멍을 뚫거나 아예 뚜껑을 열어 놓아 물이 잘 내려갈 수 있도록 하세요.

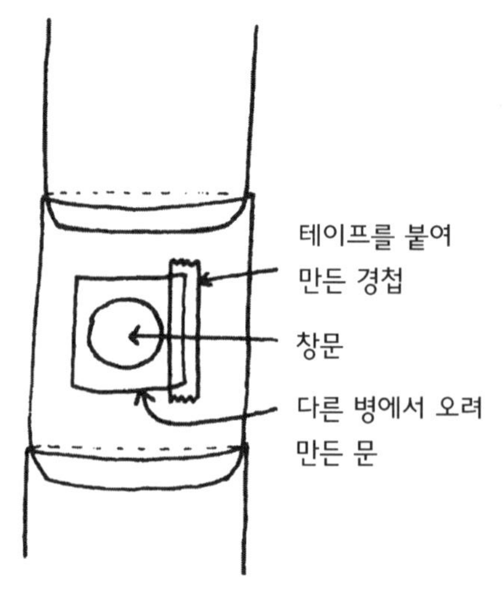

거미, 사마귀 등의 포식자 초파리를 사육하는 칼럼 위에는 사마귀나 거미 또는 벌레잡이식물과 같은 포식자들의 서식처를 만들어 줄 수 있어요(59쪽의 「먹이사슬 칼럼」 참고). 이 칼럼에는 토양에 식물을 심고 포식자들이 집을 지을 수 있도록 한두 개의 작은 나뭇가지를 넣어 주세요.

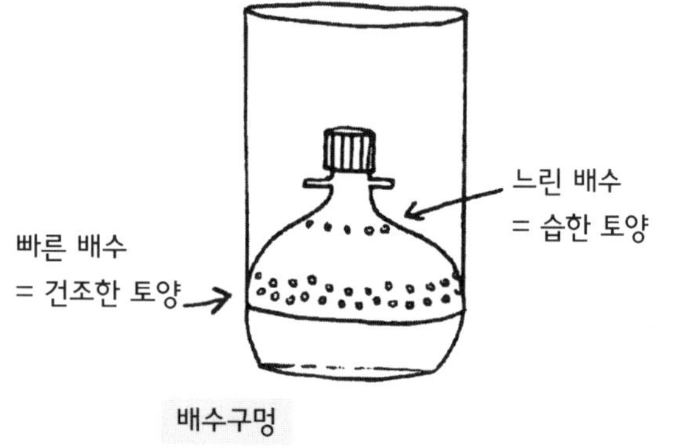

배수구멍 배수구멍의 수와 위치는 토양을 넣은 모든 칼럼의 환경에 영향을 줘요. 토양에 모래가 많고 아래쪽에 배수구멍이 있는 칼럼은 물이 빨리 빠져나가 건조해져요. 토양에 토탄질이 많이 있고 위쪽에 배수구멍이 있는 칼럼은 물이 잘 빠지지 않아 습해지고요. 토양 종류와 배수구멍의 수나 위치 등을 고려하여 그에 맞는 다양한 식물의 서식처를 만들어 보세요.

기록 「생태 칼럼」을 어떻게 설계했는지 그 내용물은 무엇인지 정확히 기록하세요. 칼럼을 만든 후에는 칼럼 안 환경이 어떻게 바뀌는지 주의 깊게 관찰하여 기록하고요. 「필름통 돋보기(117쪽 참고)」는 「생태 칼럼」 안의 변화를 관찰하는 데 편리할 거예요.

칼럼 옆면이나 아래쪽 등 여러 방향에서 토양과 뿌리를 관찰하세요. 식물마다 뿌리가 어떻게 다른지 살펴보고 뿌리가 많아지거나 물을 많이 주었을 때의 변화도 조사하세요. 또한 어떤 동물들이 살고 있는지도 찾아보세요.

토양의 종류가 식물에 어떤 영향을 미치나요? 빛의 양을 조절했을 때 칼럼 안에는 어떤 변화가 일어나나요? 물의 흐름을 조절했을 때는요? 또 물에 비료나 다른 물질을 섞었을 때는요?

씨앗의 발아를 비롯해 식물의 성장에 영향을 주는 여러 물질들의 효과를 생물검정해 보세요.

칼럼을 통해 경쟁이란 개념도 이해하세요. 1개의 칼럼에 잔디 씨앗 2종류를 심었을 때 한 종이 다른 종보다 잘 자라나요? 이것은 어떻게 알 수 있나요? 여러분은 왜 한 종만 잘 자라는지 설명할 수 있나요?

칼럼의 재료로 2ℓ의 페트병만을 고집하지 마세요. 약간의 아이디어만 있으면 어떤 모양의 병으로든 칼럼을 만들 수 있어요.

계속 탐구하기 칼럼을 만드는 특별한 방법이 있는 것은 아니에요. 이 실험을 하다 보면 자연적으로 어떤 변화가 칼럼 안에 나타나요. 그때 어떤 일이 왜 일어났는지 이해하려고 노력하세요. 칼럼 안의 식물이나 곤충이 뜻하지 않게 죽었다면 생물들의 야생 서식처에 대해 공부하세요. 그리고 이들이 칼럼 안에서 생활하는 데 무엇이 필요한지도 알아보세요.

> **주의** 「생태 칼럼」은 시간이 지나면서 위쪽이 무거워져 쓰러질 수 있어요. 그래서 칼럼을 벽에 끈이나 테이프로 고정하기도 한답니다. 칼럼 아래쪽에 물이나 자갈을 넣어 중심을 잡아 주어도 돼요. 단, 칼럼이 직사광선을 쬐지 않도록 하세요.

주제 토론

● 열대우림이나 사막 또는 광활한 초원을 상상해 보세요. 그리고 그 속에 있는 서식처의 수를 기록해 보세요. 여러분은 그중 어떤 종류의 서식처를 칼럼 안에 축소해서 만들 건가요?

● 에너지와 양분의 순환에 대해 토론해 보세요. 칼럼 안에서 일어나는 이 현상을 어떻게 이해할 수 있을까요? 예를 들어 썩어 가는 식물, 초파리 그리고 포식성 곤충 사이에서 에너지가 어떻게 흐르는지 생각해 보세요. 여러분은 이 에너지 흐름을 그림으로 그릴 수 있나요?

● 칼럼 안에서 물은 어떻게 이동하나요? 물이 순환하는 과정에서 특히 인상적인 부분이 있던가요? 여러분은 칼럼 안에 비를 내릴 수도 있어요. 칼럼 안에서 증발과 응결을 눈으로 확인할 수도 있지요. 칼럼 안의 식물을 통해 증산작용에 관해 토론할 수 있으며, 칼럼 안에 다른 종류의 토양을 넣었다면 토양 내부에서 일어나는 물의 흐름과 물이 걸러지는 과정의 차이도 비교할 수 있어요.

● 폐쇄된 환경에 대해서도 한번 생각해 보세요. 폐쇄된 환경이란 외부와 완전히 단절되어 아무것도 들어가거나 나올 수 없는 상태를 말해요. 칼럼 윗부분을 뚜껑으로 막고 배수구멍을 뚫지 않았다고 해서 폐쇄된 환경이 될까요(물론 아니에요. 공기구멍을 통해 수분이나 공기가 끊임없이 순환하고 빛은 여전히 칼럼을 비추고 있을 테니까요)?

이 폐쇄된 환경과 지구의 환경을 비교해 보세요. 대기권으로 둘러싸인 지구는 폐쇄된 환경이라고 할 수 있어요. 물이나 무기물, 탄소, 질소와 같은 원소들이 엄청나게 순환하며 공기, 지구, 물, 동식물 사이를 끊임없이 돌아요. 그렇다면 인간이 만든 생물학적으로 분해되지 않는 물질을 생각해 보세요. 플라스틱은 어떤가요? 왜 플라스틱은 재활용해야 될까요?

어떤 면에서 지구나 여러분이 만든 칼럼은 폐쇄된 환경이 아니라고 말할 수 있을까요?

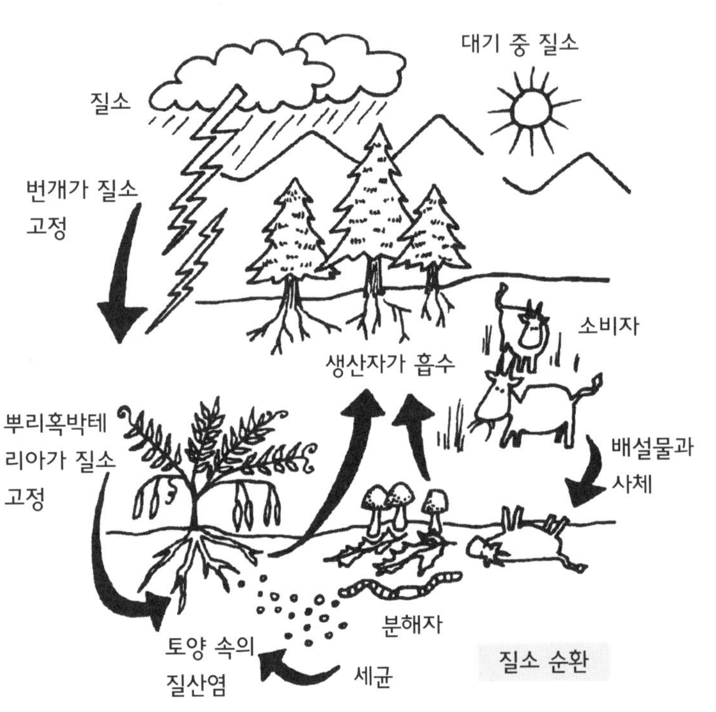

생태적 지위 칼럼 | 무엇이 집을 만들까?

생태적 지위란 무엇일까요? 개미의 생태적 지위란 단순히 개미 집만을 의미할까요? 아니면 개미가 걷는 땅, 호흡하는 공기, 이와 더불어 개미와 상호작용하는 모든 동식물까지 이르는 말일까요?

생물학에서도 생태적 지위라는 말은 꽤나 이해하기 어려워요. 간단히 말하자면 무리 안에서 이루어지는 생물들의 모든 역할을 의미해요. 예를 들어, 꽃이 피는 식물의 생태적 지위는 식물을 수분시키고 그 씨앗을 널리 퍼뜨리는 생물, 식물의 뿌리에 살면서 뿌리를 갉아먹는 생물 등을 비롯해 물리적 환경(토양, 공기, 물 등)까지도 포함된 개념이지요.

「생태적 지위 칼럼」을 통해 여러분은 생물이 환경 안에서 어떤 역할을 하는지 이해할 수 있고 우리 주변 생태계가 서로 긴밀히 연결되어 매우 복잡하다는 사실도 알게 될 거예요.

생태적 지위를 이해하려면 조를 나누어 여러분 주변의 생태적 지위를 구성하는 요소들을 수집하세요. 그러고 나서 각 조는 수집된 요소들을 대표할 수 있는 생태적 지위의 종류를 결정할 수 있을 거예요. 생태적 지위와 관계있는 곤충이나 동물 또는 식물의 종류에 대해 토론할 수도 있겠지요.

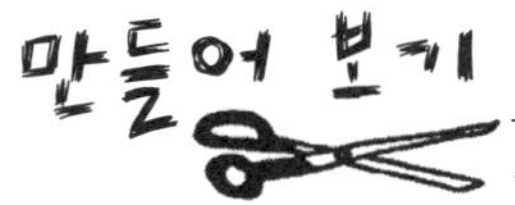 만들어 보기 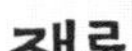
생태적 지위 칼럼 만들기

재료

- 2ℓ 병 1개
- 뚜껑으로 사용할 병 바닥 또는 플라스틱판 1개
- 투명한 필름통 4~8개
- 필름통 층을 구분할 둥근 뚜껑이나 골판지 1개

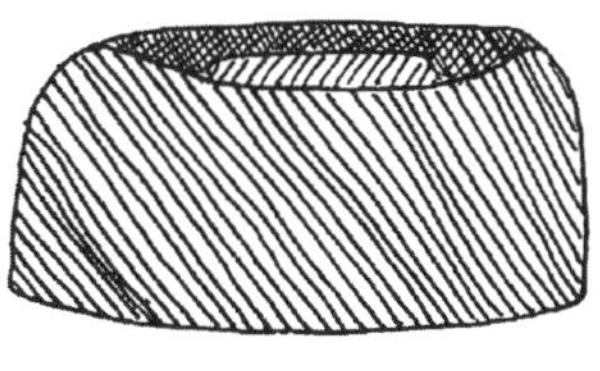

1. 병의 상표를 떼어 내세요.

2. 병 어깨에서 4cm 아래를 잘라 내세요. 투명한 필름통을 병 안에 1~2층으로 쌓으세요.

내용물

생태적 지위 수집 조의 수에 따라 4~8개의 생태적 지위를 구성하는 요소들을 수집하세요. 하천가나 연못, 농경지 등 다양한 생물이 서식하는 곳이라면 어디든 상관없어요.

예를 들어 연못가 생태적 지위를 구성하는 요소로, 필름통 안에 연못물 몇 방울을 넣을 수도 있고 연못가의 자갈이나 물 위에 떠다니는 오리 털을 넣을 수도 있어요. 나무 밑둥에서 나무 껍질이나 이끼, 식물의 부스러기 등을 수집할 수도 있지요. 도로의 가장자리에서 아스팔트 조각이나 민들레 홀씨 또는 차에 부딪혀 죽은 나방을 수집할 수도 있어요.

실험

생태적 지위 파악하기

1단계   2~4개의 조를 만들어요. 각 조는 1개의 필름통만을 책임지면 돼요. 이때 「병의 바닥으로 만든 관찰 접시(126쪽 참고)」와 「필름통 돋보기(117쪽 참고)」를 사용하면 아주 편리해요.

2단계   우선 필름통 안에 담은 생태적 지위를 구성하는 요소들의 물리적, 화학적, 생물학적 특징을 기록하세요. 또한 조원들은 이 생태적 지위를 구성하는 식물이나 동물들의 목록을 만들어 각각 이름을 지어 주세요(예를 들어, 웅덩이에서 주워 온 오리털, 타이어 조각, 약간의 물을 "도로변의 웅덩이" 또는 재미있게 "장난감 오리" 등으로 마음대로 지으세요).

선생님들은 생태적 지위의 효과적인 교육을 위해 각 조의 진행 과정을 살펴보세요. 또 학생들이 물과 관련된 단어, 즉 '빗방울', '웅덩이' 또는 '연못'과 같은 단어를 연상해 내도록 도와 주세요.

3단계   각 조의 대표가 그 조의 생태적 지위에 대해 이름을 포함한 세부 사항을 요약하여 발표하세요.

4단계   마지막으로 모든 조가 힘을 합쳐 전체 환경에서 서로의 생태적 지위를 고려하여 위치를 정한 후 입체적인 '생태 환경'을 상상해 보는 거예요.

발전

열대숲 칼럼 | 열대란 무엇인가?

'열대숲'이란 말을 들으면 무엇이 떠오르나요? 아마도 하늘을 찌를 듯이 높이 솟은 야자수나 무성한 나뭇잎, 앵무새나 원숭이의 날카로운 비명이나 울음소리가 떠오를 거예요.

열대숲이란 북회귀선과 남회귀선 사이 적도 부근의 모든 숲을 의미해요. 이 숲들은 대개 매우 따뜻하지만 지형이나 해안에서 떨어진 거리나 토양의 종류 등 지리적 조건에 따라 크게 달라요. 여기서는 다양한 열대숲을 알아볼 거예요.

다양한 열대숲 열대숲 중에서 가장 유명한 것이 우림일 거예요. '비가 많이 내리는 숲'이란 의미의 우림에서는 1년에 최소 1,250mm 이상의 비가 내려요(어떤 지역에서는 1년에 8,000mm 이상의 비가 내리기도 하지요). 그리고 이곳의 평균 온도는 27°C지요. 이곳에서 다양한 생물이 살고 식물이 무성하게 자랄 수 있는 것은 1년 동안 기온과 강수량이 일정하기 때문이에요. 계절의 변화가 거의 없어 식물들이 1년 내내 쉬지 않고 성장하여 무성해지는 것이랍니다.

건조하고 계절의 변화가 나타나는 열대숲도 있어요. 어떤 숲에서는 심각한 물 부족 현상이 일어나기도 하는데 이 시기에 나무들은 자라지 못하고 시들어 버려요. 대표적인 열대숲으로는 '계절에 따라 습도가 높아지는 숲', '건조한 대초원(흔히 사바나라고 해요)', '반건조하고 덤불이 많은 숲'이 있어요. 보통 우림과 '계절에 따라 습도가 높아지는 숲'을 합해서 열대습윤림이라고 부르지요.

대초원과 반건조하고 덤불이 많은 숲에서는 밤낮의 온도 차가 심하고 비가 적게 오는데, 1년에 10개월 동안은 비가 내리지 않아요. 이런 가혹한 환경 때문에 물이 풍부한 우림에 비해 동식물의 수가 적고 생물의 종류도 다양하지 못해요.

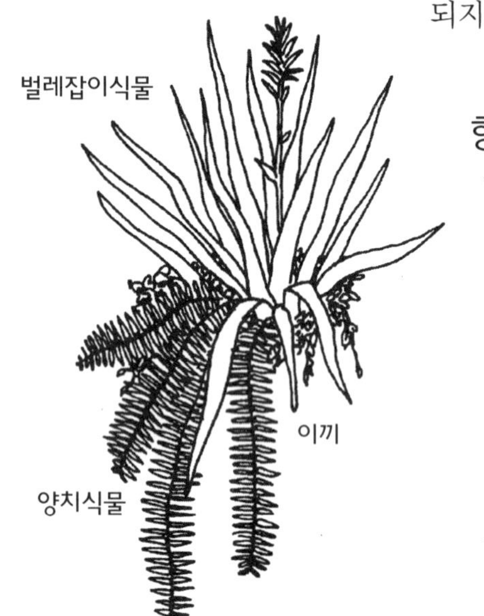

낮은 지대 우림의 생물다양성 낮은 지대의 우림은 생물의 종이 가장 풍부한 열대숲으로 이곳 식물들은 4개의 층으로 구분할 수 있어요. 나무들은 장벽이나 탑처럼 우뚝 솟아 있는데 그 키가 무려 30m에 달해요. 이 거대한 나무들이 태양빛을 대부분 흡수하기 때문에 그 밑에서는 전체 빛의 1%도 받지 못해요. 어찌 보면 이 나무들이 강풍을 제외한 모든 외부 환경에게서 자신의 아래쪽 생물들을 보호하는 셈이 되기도 하지요. 이 나무들의 잎은 달걀 모양인데 잎 끝에서는 물이 쉽게 배출되지요.

향일식물 거대한 나무 바로 아래 그늘에 사는 식물들은 그래도 비교적 햇빛 받기가 좋아요. 어두운 숲 바닥에서 자라난 덩굴식물들이 바로 이들인데 이들은 나무줄기를 타고 위쪽까지 올라갈 수 있으니까요.

착생식물은 우람한 나무의 나무줄기 겉면이나 나뭇가지에 사는데 양치식물, 이끼, 지의류, 난초, 벌레잡이식물, 심지어 선인장까지 여기에 포함돼요. 이 식물들은 기생충처럼 나무에 붙어살아요. 나무에서 햇빛과 풍부한 영양분을 함유한 빗물을 얻는답니다.

착생식물의 씨앗은 바람이 널리 퍼뜨리며 씨앗들은 종종 서로 탑을 쌓듯이 뭉쳐서 성장하지요. 그래서 흔히 나무줄기 위에 지의류가, 그 위에 이끼가, 다시 그 위에 양치식물이 붙어사는 것을 볼 수 있어요. 이들은 땅에 뿌리를 내리지 않기 때문에 나무줄기나 나뭇가지에 붙어살면서 물과 양분을 얻어야 해요. 그래서 어떤 난초들은 불룩한 줄기에 물을 저장하기도 하고 어떤 벌레잡이식물은 2ℓ의 물을 벌레 잡는 주머니에 저장하기도 해요. 그런데 거대한 나무껍질은 부드럽고 벗겨지기 쉬워 덩굴식물과 같은 향일식물이나 착생식물들이 뿌리를 내리기는 어렵답니다.

3종류의 열대숲

숲의 종류	낮은 지대 우림	계절에 따라 습도가 높아지는 숲	반건조하고 덤불이 많은 숲
연간 강우량	2,000mm	2,000mm	1,000mm
월간 강우량	165mm×12개월	225mm×8개월	96mm×10개월
		50mm×4개월	20mm×2개월
연간 평균 온도	28°C	25°C	28°C
연간 온도 차	3°C	18°C	35°C
일간 온도 차	8°C	18°C	35°C

음지식물 이런 거대한 나무들 밑둥 쪽은 그늘이 지고 습도가 높으며 아주 조용해요. 그늘에 적응한 풀이나 작은 나무들만이 이곳에서 자라는데 그 키는 몇 미터에 불과하지요. 이 식물들은 햇빛을 직접 받지 않아도 씨앗이 싹트고 성장할 수 있답니다. 이 음지식물에는 무성한 나뭇잎 사이로 이따금씩 들어오는 빛과 양분 또는 빗물만으로 살 수 있는 종류들도 포함되어 있지요. 이따금씩 착생식물의 양이 많아져 무거워지면 나뭇가지가 부러져 땅으로 떨어져요. 이때 이 식물들은 그 가지가 있던 빈 자리를 통해 광합성에 필요한 햇빛을 받게 되는 거지요. 이 식물들은 가지가 새로 자라 그 틈을 메우기 전에 재빨리 성장을 한답니다.

숲 바닥 이끼나 양치식물, 어린 식물이나 낙엽층이 숲 바닥을 차지하고 있어요. 이들 아래에는 큰 나무들의 뿌리가 뒤엉켜 있고 균사들이 자라는데, 이 균사들은 식물 부스러기를 빠르게 분해해서 양분 형태로 숲에 되돌려 주지요.

관상식물	산지
암연초	남아프리카 우림
부처손	아시아, 아프리카, 아메리카, 호주 우림
글록시니아	브라질 우림
제라늄	중국과 일본
아프리칸바이올렛	동아프리카
연백초	호주와 남태평양 섬
얼룩자주달개비	아르헨티나와 브라질
거미풀	남아프리카 희망봉
아디안텀	남아프리카 우림

더욱 건조한 환경에서 자라는 식물들	산지
돌나물	남아프리카
칼란코에	마다가스카르

일반적으로 병 속에서 잘 자라는 식물들은 잎이 작은 양치식물이나 담쟁이덩굴, 작은 벌레잡이식물이나 꿩의비름 또는 선인장, 우산이끼 같은 이끼류들이에요.

다양한 열대식물 이제 열대숲에서 사는 다양한 식물들에 대해 많이 알게 되었을 거예요. 그러면 지금부터는 식물들이 어떻게 열대 기후와 숲의 환경에 적응했는지를 생각해 보세요.

집에서 키우는 관상식물은 대부분 열대식물이에요. 이들의 일부를 잘라 모아 보세요(젖은 신문지나 수건에 싸서 옮겨야 시들지 않아요). 그리고 그 식물들의 원산지와 그들이 좋아하는 환경에 대해 조사해 보세요. 잎의 크기와 형태, 바람에 견디는 능력, 성장에 필요한 빛의 양 그리고 꽃이 피고 열매가 열리는 시기 등에 대해서도 토론해 보세요. 토론 결과를 이들이 사는 숲의 종류와 연관 지어 보세요.

열대숲 칼럼 만들기 관상식물로「열대숲 칼럼」을 만들어 보세요. 우림에서처럼 식물층을 구분한 칼럼을 만들 수 있어요. 다른 종류의 열대숲을 실험해 볼 수도 있고요. 착생식물이 붙을 수 있는 막대기나 지지대를 설치해서 실제 우림에서처럼 층을 이루게 할 수도 있지요.

94쪽을 참고하여 매일 줄 물의 양을 정하세요. 그리고 칼럼 안이 너무 습해지지 않도록 공기구멍을 만드세요. 식물이 받는 빛의 양은 얼마나 되나요? 칼럼 안의 온도는요? 전등 근처에 두거나 직사광선을 받으면 칼럼 내부의 온도는 높아져요. 24시간 동안 온도는 어떻게 변했나요? 흙을 넣어 분해층을 만들어 주는 것도 잊지 마세요.

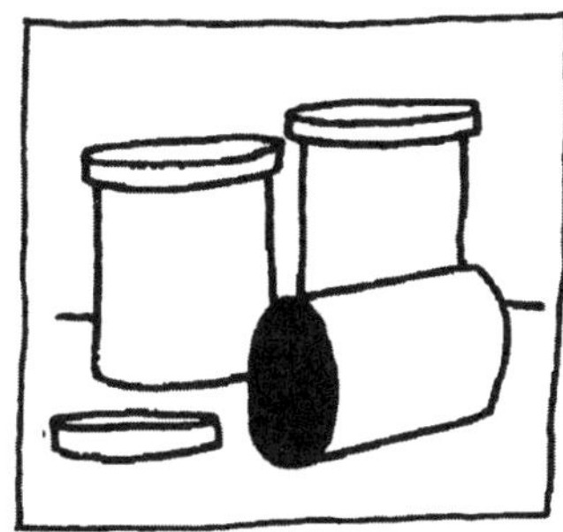

제8장

필름통의 과학

씨앗을 싹트게 하는 것은 무엇일까요? 어린 식물은 서로 다른 빛의 색을 인식할 수 있을까요?

씨앗은 겉모양은 단순하지만 유전 정보를 안전하게 간직한 채 수백만 년 동안 진화해 왔어요. 그래서 언제 자신이 싹을 틔워야 하는지도 잘 알고 있답니다. 씨앗은 양분을 가지고 있으며 범람이나 가뭄 또는 서리에도 견딜 수 있도록 단단한 껍질로 무장하고 있어요.

35mm 필름통을 이용하여 씨앗에 대한 궁금증을 풀 수 있어요. 씨앗은 매우 작은 공간만을 차지하기 때문에 필름통은 씨앗 실험에 완벽한 도구가 된답니다.

필름통은 작은 식물을 키우거나 채집한 곤충을 담거나 작고 중요한 무언가를 저장할 때도 아주 유용하지요. 자주 관찰해야 하는 실험인 경우 필름통은 휴대하기 쉬워 통째로 가지고 다니는 작은 실험실이 되지요.

다음은 씨앗이 싹을 틔우는 것과 어린 식물이 성장하는 과정에 대한 실험이에요. 이 실험을 통해 여러분은 중력, 온도, 빛 그리고 수분이 어린 식물의 성장에 어떤 영향을 끼치는지 관찰할 수 있을 거예요. 이 장에서는 씨앗이 싹을 틔우는 데 어떤 물질이 어떤 영향을 미치는지 비교해 볼 수 있는 생물검정 방법을 함께 소개할 거예요.

이 실험에는 무나 배추 또는 금잔화 등을 이용하는 것이 좋아요.

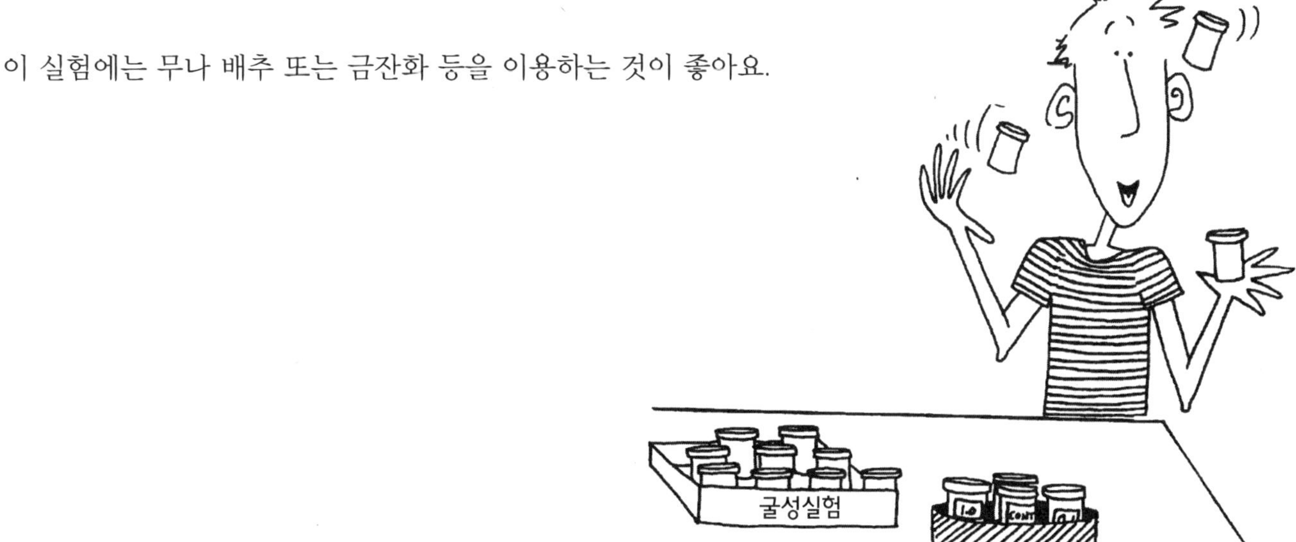

핵심과학용어

식물 생리, 씨앗의 발아, 중력(굴지성), 빛(굴광성), 생물검정, 독성.

만들어 보기

필름통 확대

1. 필름통에 밑면이 잠길 정도로 물을 부으세요.

2. 1~4개의 심지를 필름통에 넣으세요. 그러면 심지가 물을 흡수하여 필름통 안쪽 면에 붙을 거예요.

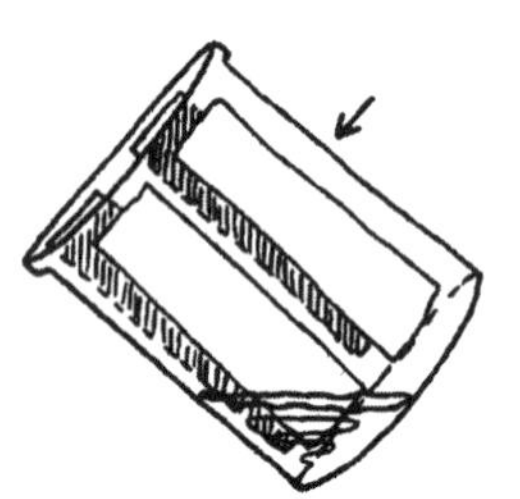

3. 각각의 심지에 1~3개의 씨앗을 붙이세요.

4. 뚜껑을 닫고 이름, 날짜, 시간을 적은 라벨을 필름통에 붙이세요. 24시간마다 뚜껑을 열어 1주일 동안 관찰하세요.

어떤 일이 일어났나요? 물의 양을 변화시키면 싹트는 속도가 달라질까요? 씨앗은 빛이 있는 곳과 어두운 곳, 어디에서 빨리 싹이 트나요? 온도가 싹을 틔우는 데에 영향을 주나요? 어떤 식물이 가장 빨리 싹을 틔웠나요?

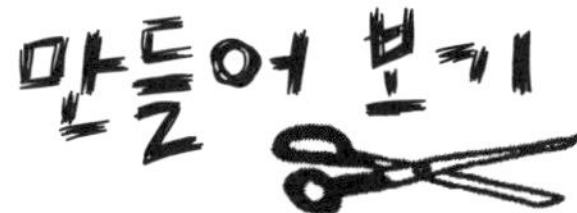

필름통을 이용한 굴지성 관찰

굴성이란 식물이 어떤 자극에 반응하여 그 방향으로 구부러지는 현상을 말해요. 따라서 굴지성은 식물이 중력에 반응하여 성장하는 것이지요.

1. 필름통의 밑면이 잠길 정도로 물을 부으세요.

2. 필름통에 1~4개의 심지를 넣으세요. 그러면 심지가 물을 흡수하여 필름통 안쪽 면에 붙을 거예요.

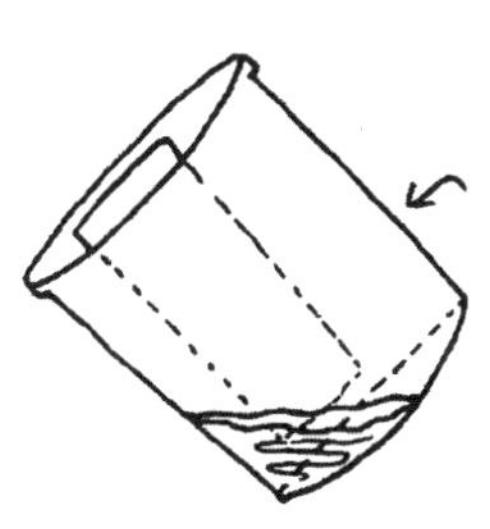

심지가 젖도록 필름통을 기울여 주세요.

3. 토양에서 싹튼 어린 식물을 자르세요.

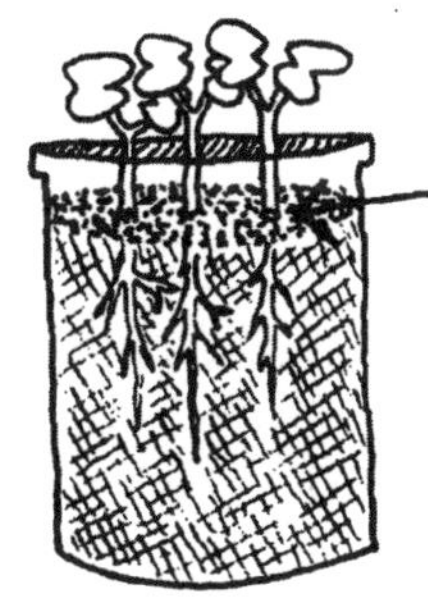

흙의 표면 위로 나온 어린 식물의 줄기를 자르세요.

4. 잘라 낸 어린 식물을 뒤집어 심지 위에 세우세요. 떡잎(어린 식물에서 나오는 가장 첫 번째 잎)이 심지에 잘 붙을 거예요(심지 일부를 살짝 떼 내면 떡잎 붙이는 작업이 쉬워질 거예요). 어린 식물은 연약해서 상하기 쉬우니 핀셋은 사용하지 마세요.

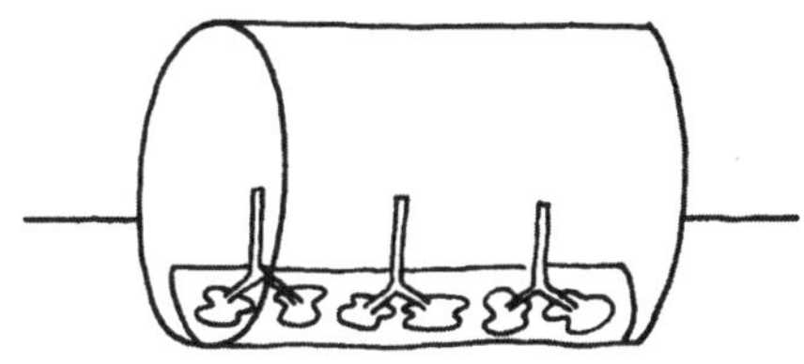

5. 뚜껑을 닫고 4~24시간 후에 열어 5일 동안 매일 관찰하세요.

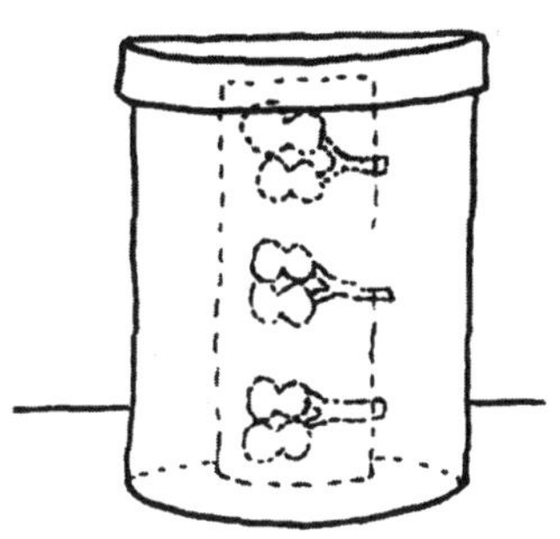

어떤 일이 일어났는지 예상할 수 있나요? 그림을 그려 보세요. 여러분의 예상이 맞았나요? 일정한 시간을 두고 그 변화를 관찰해 보세요. 어린 식물에게 온도나 빛은 어떤 영향을 주었나요?

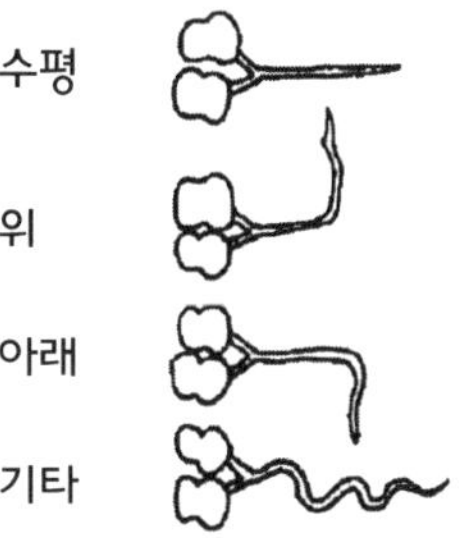

싹은 어느 방향으로 구부러지나요?

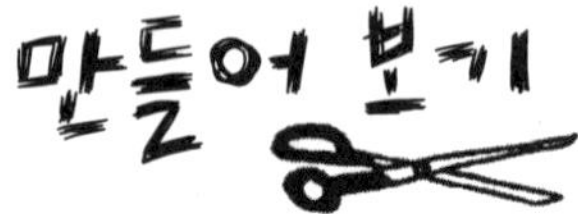

만들어 보기
필름통을 이용한 굴광성 관찰

- 뚜껑이 있는 검정색 35mm 필름통 1개
- 작고 빨리 발아하는 무나 배추 씨앗 6개
- 펀치나 송곳
- 투명한 테이프
- 색깔이 있는 얇고 투명한 필름(빨강, 파랑, 초록)을 2cm²로 잘라 사용하세요. 색깔이 있는 테이프면 더욱 좋아요.
- 심지로 쓸 1cm×4cm 크기로 자른 종이타월 3장

굴광성은 식물이 빛에 반응하여 성장하는 거예요.

1. 필름통 윗부분에 일정한 간격으로 구멍 3개를 뚫으세요. 종이에 구멍을 뚫는 펀치를 사용하면 아주 편리해요.

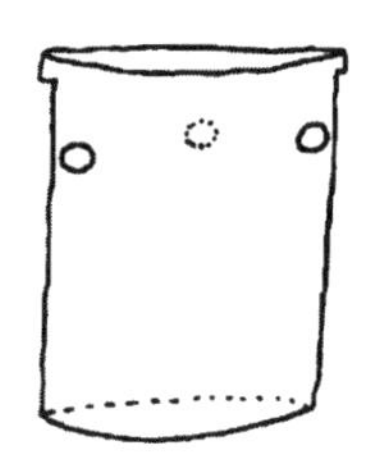

2. 3가지 색의 투명한 필름이나 테이프를 구멍에 붙이세요.

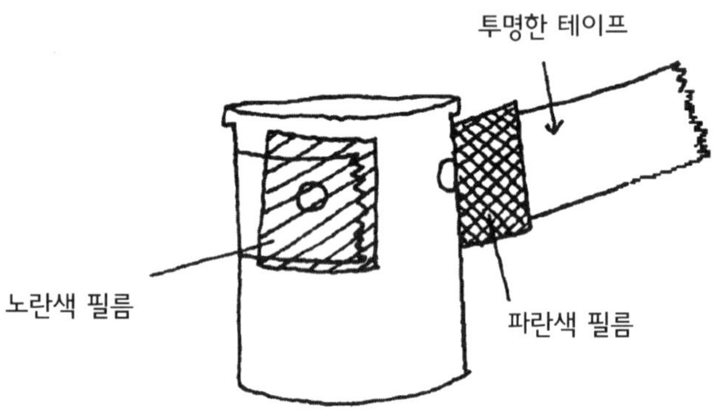

3. 필름통 밑면이 잠길 정도로 물을 부으세요. 물을 흡수한 심지를 구멍 사이사이의 안쪽 면에 붙이세요. 그리고 각 심지에 2개의 씨앗을 붙이는데, 이때 씨앗은 구멍 바로 아래에 붙이세요.

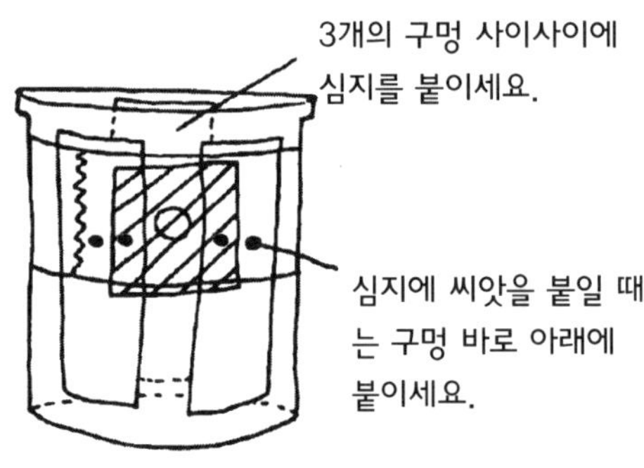

4. 뚜껑을 덮은 필름통은 3개의 구멍 모두가 빛을 잘 받을 수 있는, 너무 뜨겁지 않은 장소에 놓으세요. 24시간 후에 뚜껑을 열고 2주일간 매일 관찰하세요.

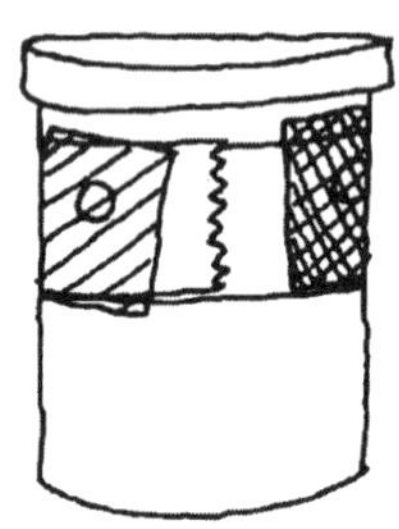

어떤 색깔의 빛이 들어오는 방향으로 식물이 자랐나요? 또 다른 색깔을 이용하여 실험해 보세요. 그 차이를 확실히 관찰하기 위해 한쪽 면에 3개의 초록색 창을 만들고 반대편에는 1개의 파란색 창을 만들어 보세요. 또는 한쪽에는 2개의 빨간색 창을, 반대편엔 1개의 파란색 창을 만들어 결과를 비교해 보세요. 창을 통해 들어오는 빛의 색깔이 식물의 성장에 중요한가요?

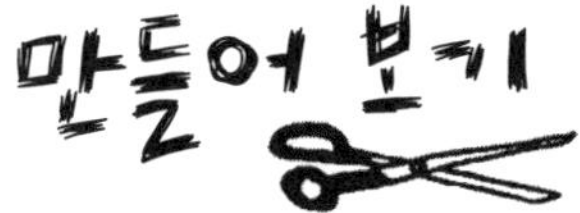

만들어 보기

필름통을 이용한 생물검정

생물검정은 어떤 물질이 생물에 어떤 영향을 주는지 알아내는 거예요. 생물검정을 이용하여 23쪽의 「분해 칼럼」에서, 퇴비에서 흘러나온 물이 식물에 주는 영향을 알아낼 수 있어요.

1. 4개의 필름통에 각각 1.0, 0.1, 0.01 그리고 '비교' 라고 쓴 라벨을 붙이세요.

2. '비교' 라벨이 붙은 필름통에 물 10방울을 넣으세요. 그리고 1.0이라는 라벨이 붙은 필름통에도 실험 용액 10방울을 떨어뜨리세요.

3. 0.1, 0.01이라는 라벨이 붙은 필름통에 9방울의 물을 떨어뜨리세요. 1.0 라벨의 필름통 용액 1방울을 0.1 라벨의 필름통에 떨어뜨리고 다시 0.1 라벨의 필름통 용액 1방울을 0.01 라벨의 필름통에 떨어뜨려 잘 섞으세요.

4. 4개의 필름통에 씨앗을 2개씩 붙인 심지를 각각 넣고 뚜껑을 닫으세요.

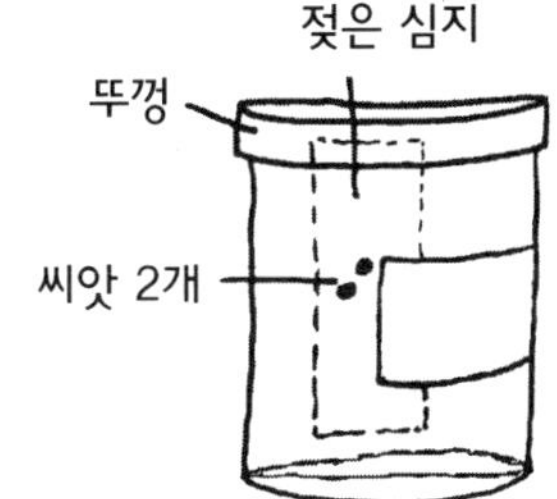

12시간 후부터 5일 동안 각 필름통 안에서 싹이 얼마나 났는지 그 상태를 관찰하세요. 그래프를 그리면 실험 용액의 농도 차이가 싹 틔우는 데 어떤 영향을 주는지 알 수 있어요. 생물검정을 할 수 있는 생물에는 어떤 종류가 있을까요? 또 어떤 물질을 실험에 사용할 수 있을까요?

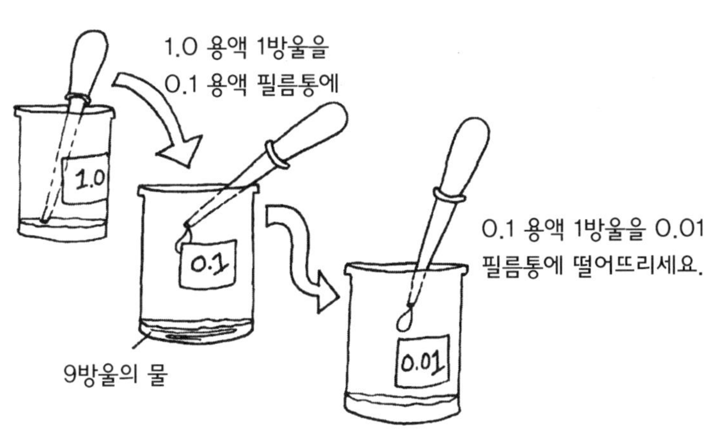

정원 시스템

정원은 여러분의 학교나 집을 푸르게 하는 것 외에도 많은 일을 해요. 여러분은 이런 정원을 연구할 수도 있고 방 안으로 들여올 수도 있지요. 교실 안에 정원이 있다면 일년 내내 정원을 연구할 수 있겠지요? 그러면 여러분은 토양과 빛 그리고 물과 식물 사이의 관계를 알 수 있을 거예요.

여러분이 직접 만든 정원에서 박하, 상추, 꿀풀, 파슬리 등 먹을 수 있는 식물을 직접 길러 샐러드를 만들어 먹을 수도 있어요.

이 정원 시스템은 휴대하기 쉬워 방학 중에는 집으로 옮길 수도 있답니다.

이 시스템은 이끼와 병뚜껑만 가지고도 만들 수 있어요. 그 안에 물을 자동으로 공급하는 장치까지도 만들 수 있고요.

이 책에서 다루는 정원 시스템(118쪽의 「테라륨」 참고)은 식물의 성장에 도움이 되는데도 불구하고 그냥 버려지는 물질들을 활용하는 방법 중 하나에 불과해요. 상상력에 우리가 흔히 쓰레기라고 생각하는 것들을 결합하면 더 좋은 정원 시스템을 만들 수 있을 거예요.

병뚜껑 정원

핵심과학용어

정원 관리, 식물의 성장과 발육, 식물 생리, 생활사, 모세관현상.

토양 식물은 성장하는 데 필요한 물과 양분 일부를 토양에서 공급받아요. 「정원 시스템」에서는 토탄과 질석(흑운모 가루)을 같은 비율로 섞어 토양으로 이용했어요. 하지만 여러분들이 직접 여러 흙을 섞어 만들 수도 있고 화원에서 화분용 토양을 구입하여 사용할 수도 있답니다.

물 여러분이 만든 정원 시스템에서는 물이 저장되어 있는 곳과 식물의 뿌리를 심지로 연결하여 물을 일정하게 공급할 거예요. 심지는 모세관현상을 통해 물을 공급하는데, 종이타월이나 면섬유를 따라 물이 흐르죠. 심지의 한쪽 끝만을 물에 적셨는데도 물이 빠르게 심지 전체로 퍼져 나가는 것을 볼 수 있을 거예요. 물은 보통 아래로 흐르지만 심지와 같이 물의 흐름이 중력의 법칙과는 반대로 일어나기도 하는데 어떻게 이런 일이 가능할까요?

물 분자는 종이, 면, 유리와 같이 자신들이 좋아하는 모든 물체의 표면에 달라붙어요. 예를 들어 수건 끝을 물에 적시면 물 분자는 수건의 나머지 부분으로 퍼져 나가요. 이것은 맨 처음 수건의 섬유와 접촉한 물 분자가 다른 물 분자를 잡아당기기 때문이지요.

모세관현상은 물 분자가 시험관의 안쪽 벽을 타고 오르게 할 수도 있어요. 시험관과 접촉한 물 분자 역시 다른 물 분자를 잡아당겨요. 그래서 옆에서 보면 시험관의 수면이 마치 영어 알파벳의 'U'자처럼 보일 거예요(그래서 시험관이나 유리 제품으로 물을 정확히 측정하려면 항상 이 수면의 중간 지점을 기준으로 해요).

시험관과 달리 플라스틱관에서는 모세관현상을 볼 수 없어요. 플라스틱에는 물 분자를 끌어올릴 전하(물체가 띠고 있는 정전기)가 없기 때문이지요.

심지 재료로는 천과 같이 섬유질이 있는 것이 좋아요. 심지는 사용하기 전에 반드시 깨끗이 빨아야 해요. 혹시 독성 물질이 묻어 있어 식물의 성장을 저해할지도 모르니까요.

모세관현상은 액체에 접한 물체를 따라 물이 상승하거나 또는 하강하는 현상을 뜻해요. 예를 들면 물이 종이타월이나 면으로 된 천의 조각을 따라 이동하는 현상이지요.

면 조각이나 키친타월은 잠깐 사용할 심지 재료로 아주 좋아요. 이것들은 토양 속 미생물들의 활동으로 몇 달 후면 분해되기 때문이에요. 심지 재료를 결정할 때는 합성섬유를 비롯한 여러 제품들을 반드시 실험한 후 비교해서 사용하세요.

심지는 물에 완전히 적신 후 「정원 시스템」에 설치하세요. 그래야 물이 심지를 타고 잘 올라가며 심지 섬유 사이의 공기 방울이 이 이동을 방해할 수 없을 거예요. 심지는 물이 저장되어 있는 곳에서 토양 속까지 잘 연결되어야 하는데, 이때 그 끝이 토양 밖으로 삐져나오거나 병의 옆면에 달라붙으면 안 돼요.

모세관현상을 촉진시키기 위해 심지는 토양 속에 넣기 전에 항상 물에 적시세요.

빛

차가운 빛을 발하는 흰색 형광등만으로도 식물을 잘 키울 수 있는데 이 형광등은 보통 학교에서 쓰는 형광등과 같아요. 태양광선은 모든 가시광선(사람의 눈으로 볼 수 있는 보통 광선)을 합쳐 놓은 것이에요. 그런데 형광등은 가시광선 영역 끝에 있는 푸른색을 더 띠어요. 반면에 따뜻한 빛을 발하는 형광등은 역시 가시광선 영역의 반대쪽 끝에 위치한 붉은색을 더 발하지요. 백열전구는 이보다 더 붉은색을 내고요. 전파상이나 과학재료상에서 태양광선의 성질과 비슷한 식물생장촉진등을 판매하기도 하지만 꼭 이것이 필요한 것은 아니에요.

전등을 사용하면 큰돈을 들이지 않고도 아주 효과적으로 식물을 키울 수 있어요. 전등은 식물체에서 8~15cm 위에 설치해야 식물이 잘 자라요. 여러분은 식물이 빛을 잘 받을 수 있게 설계된 커다란 빈 그릇에 식물을 넣어 키우거나(113쪽 「생육 상자」 참고) 아래 그림과 같이 높이를 조절할 수 있는 등을 만들어 식물이 충분한 빛을 쬐게 할 수도 있지요(규모가 작은 「정원 시스템」에 적당한 식물들은 118쪽의 「테라륨」 참고).

높이를 조절할 수 있는 등

높이를 조절할 수 있는 간단한 선반을 철물점에서 구입한 후 여기에 소켓과 전구를 매달면 돼요. 전구로는 30w의 차가운 빛을 내는 원형 형광등을 사용하세요. 이 등은 식물의 높이에 따라 조절하시고요. 그림처럼 알루미늄으로 전등갓을 만들어 주면 반사되는 빛의 손실이 적어 식물이 더 많은 빛을 쬐게 할 수 있답니다.

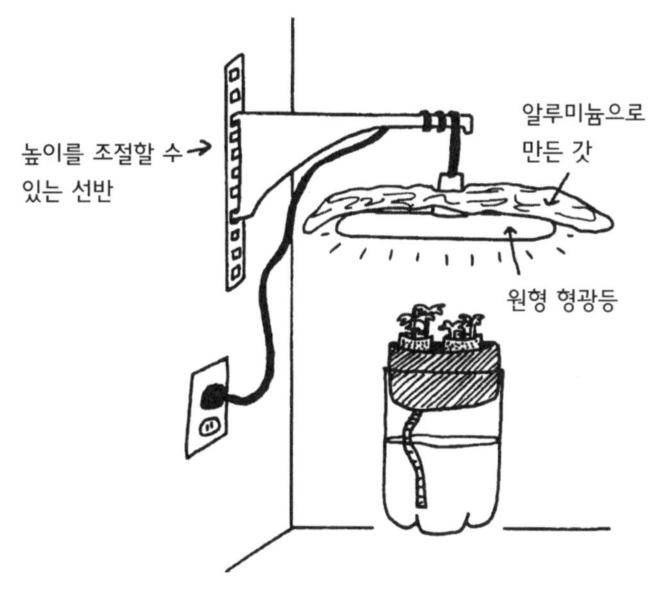

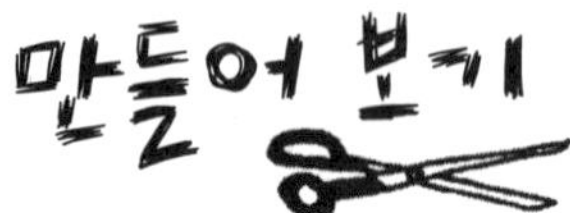

필름통을 이용한 심지 화분

35mm 필름통을 이끼나 양치식물, 꿀풀, 애기눈물, 아프리칸바이올렛 또는 싹이 나온 큰 식물까지도 키울 수 있는 놀라운 화분으로 바꿀 수 있어요.

1. 필름통 밑바닥에 송곳으로 0.5cm 정도의 구멍을 뚫으세요.

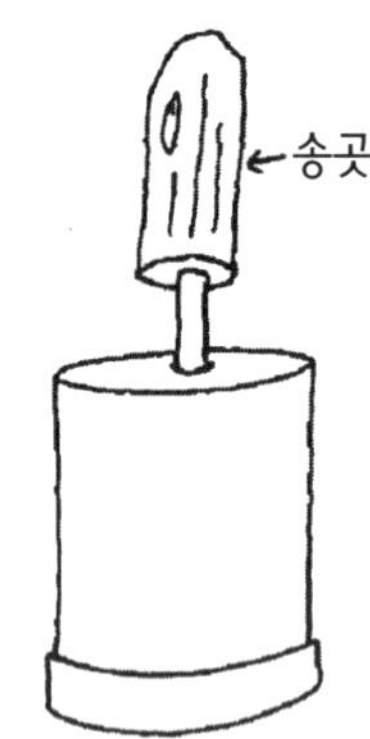

2. 물에 적신 심지를 그림처럼 구멍에 넣어 주세요.

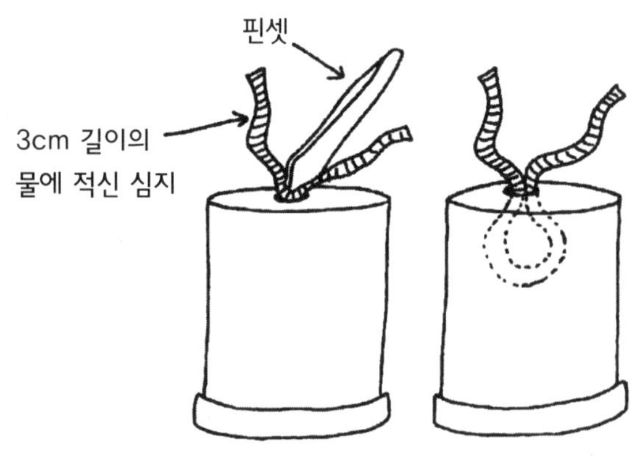

3. 필름통을 바로 세워 흙을 채우고 씨앗이나 어린 식물을 심으세요. 이끼나 양치식물은 증류수를 좋아해요.

병으로 만든 저수조

병으로 저수조를 만들어 주면 심지 화분은 1달 이상 자동으로 물을 공급받을 수 있어요.

1. 병의 상표를 떼어 내고 여러분이 원하는 저수조의 용량에 맞춰 윗부분을 적당히 잘라 내세요. 참고로 생육 상자로는 낮은 저수조가 더 좋아요.

- 1ℓ와 2ℓ 병 각 1개(초록색 병은 조류의 성장을 억제하니 가능한 한 사용하지 마세요)
- 같은 용량의 다른 병에서 떼어 낸 바닥 또는 심지를 끼울 1~2cm 구멍이 뚫린 적당한 플라스틱 그릇이나 오목한 플라스틱 접시
- 1cm×25cm 길이의 천으로 만든 심지
- 바닥에 들어갈 만한 크기의 플라스틱판 또는 페트리접시
- 플라스틱판(또는 페트리접시)을 덮을 수 있는 천으로 만든 원형 심지판
- 필요한 도구들(14쪽 참고)

2. 심지가 잘 들어가도록 병 바닥에 원래 나 있는 구멍을 1~2cm로 늘이세요.

저수조에 2cm 길이의 칼집을 2~3개 낸 후 바닥을 저수조에 끼워 고정하세요. 그러고 나서 역시 1~2cm로 구멍을 뚫어 놓는 플라스틱판(또는 페트리접시)을 바닥 안에 끼우세요.

심지와 심지판을 물에 완전히 적시세요. 심지를 플라스틱판 구멍을 통해 바닥 구멍으로 통과시킨 후 저수조 바닥까지 늘어뜨리세요. 그런 후에 플라스틱판 구멍으로 삐져나온 심지 위에 심지판을 얹으세요.

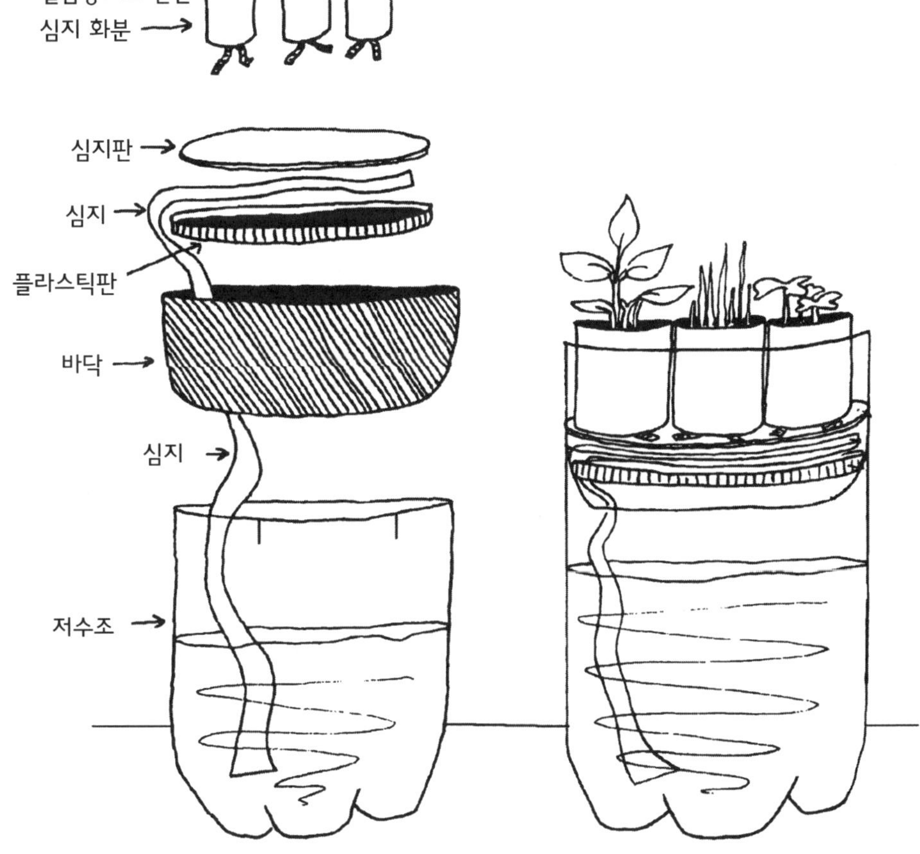

3. 필름통 화분을 심지판 위에 안전하게 올려놓으세요. 이때 심지는 물에 충분히 적신 것을 사용하세요. 화분의 심지와 심지판이 잘 맞닿아 있어야 해요.

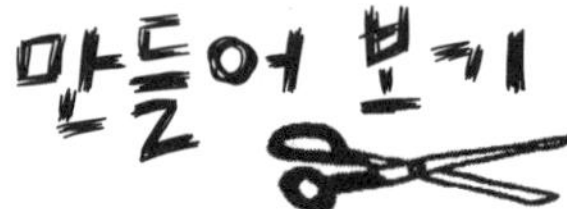

수륙환경병

수륙환경병은 큰 식물을 키우는 데 좋아요. 이것은 「수륙환경 칼럼(72쪽 참고)」 중 병 1개만 떼어 낸 것과 같아요.

1. 병의 상표를 떼어 내고 어깨에서 10cm 아래를 잘라 내세요.

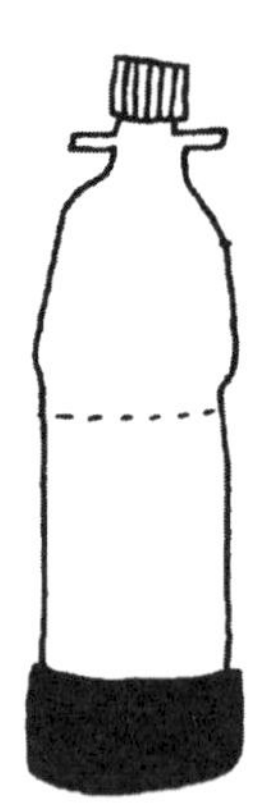

2. 병뚜껑에 직경 1cm의 구멍을 뚫으세요.

3. 뚜껑에 심지를 끼우고 잘라 놓은 병 윗부분을 뒤집어 몸통에 끼우세요. 심지는 뚜껑을 통해 저수조 밑바닥까지 닿도록 하세요.

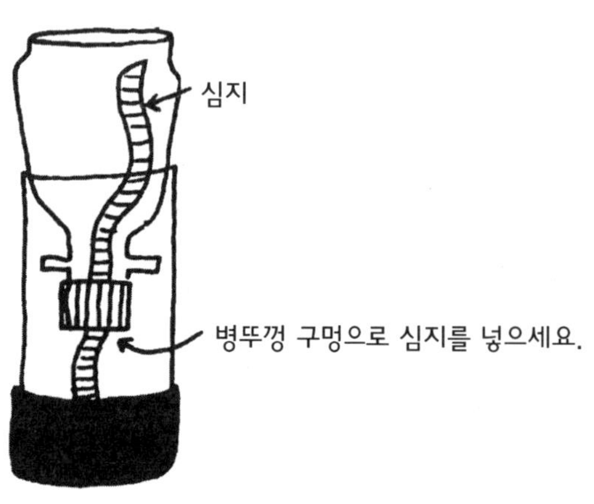

4. 저수조에 물을 채우세요. 거꾸로 끼운 병 윗부분에는 흙을 채우고 식물을 심으세요. 이때 물이 잘 빠지게 하려면 작은 자갈이나 모래 또는 흑운모 가루 등을 깐 후에 흙을 넣으세요.

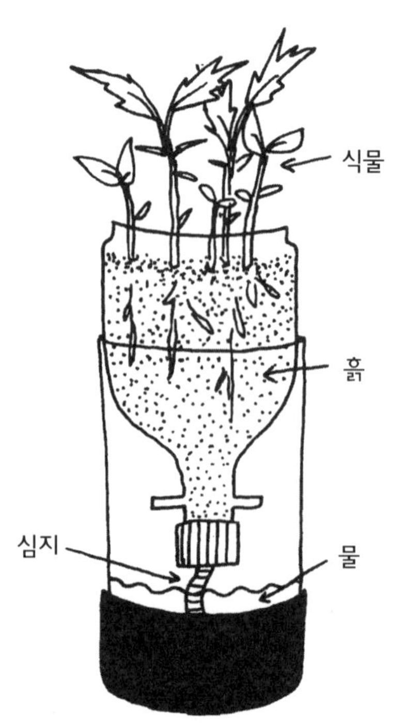

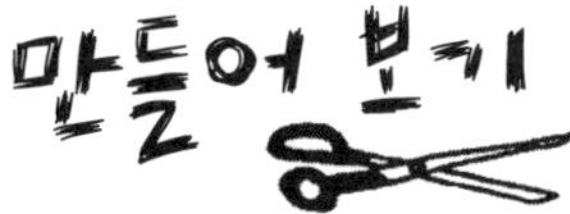

병뚜껑으로 만든 작은 화원

아주 작은 식물들로 화원을 만들어 보세요.

1. 병의 상표와 바닥을 떼어 내고 어깨에서 2cm 아래를 잘라 내세요.

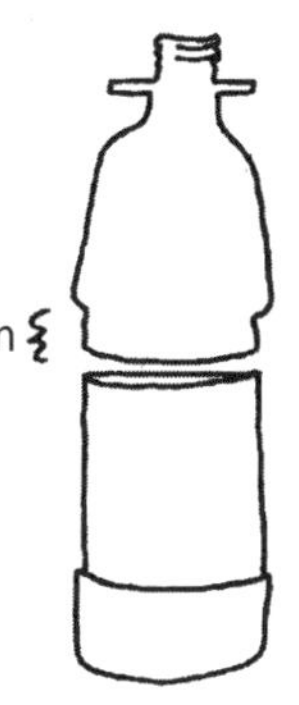

2. 잘라 낸 병의 아래쪽에 1cm 길이의 칼집을 3~4개 내세요.

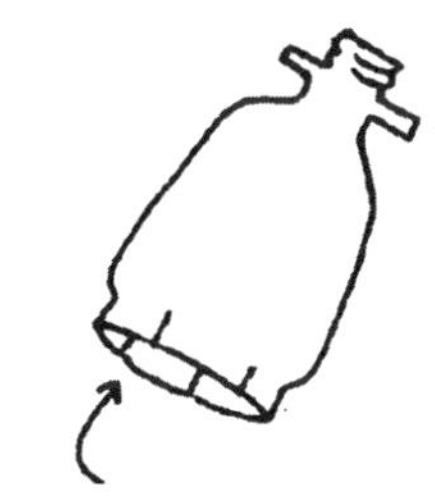

3. 송곳이나 꼬챙이로 병뚜껑에 직경 0.5cm의 구멍을 뚫으세요.

4. 물에 적신 심지를 병뚜껑 구멍에 그림과 같이 고리 모양으로 넣으세요.

5. 뚜껑에 흙을 채우고 심지에서 물방울이 떨어질 때까지 충분히 물을 부으세요. 작은 양치식물이나 우산이끼를 비롯한 이끼류에는 증류수가 좋아요.

6. 작은 식물을 뚜껑에 심으세요.
병 바닥의 구멍을 테이프로 막은 후 바닥에 플라스틱판을 끼우세요. 물에 충분히 적신 심지판은 플라스틱판 위에 올려놓으시고요. 그런 다음 병뚜껑 화분을 그 위에 올려놓으세요.
잘라 낸 병 윗부분은 지붕처럼 덮으세요. 이때 병 안쪽이 건조해지지 않게 하려면 병뚜껑을 닫아 놓으세요. 그렇지만 지붕에 몇 개의 공기구멍은 뚫어 놓아야 해요.

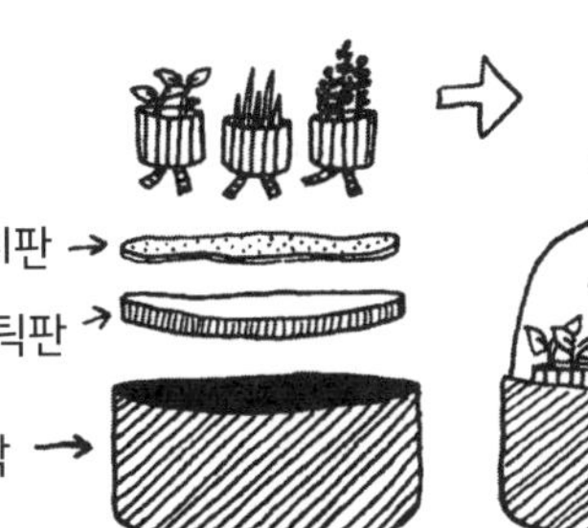

필름통으로 만든 화원

재료

- 뚜껑이 있는 투명한 필름통 1개
- 병뚜껑 1개
- 흙, 물, 양치식물이나 우산이끼와 같은 이끼류
- 3cm 길이의 천으로 만든 심지
- 필요한 도구들(14쪽 참고)
- 증류수

투명한 필름통으로 양치식물이나 이끼류를 키울 수 있는 작은 정원을 만들 수 있어요. 이때 필름통 정원 맨 윗부분에 「필름통 돋보기(117쪽 참고)」를 부착하면 작은 식물들의 세계를 더욱 생생하게 관찰할 수 있답니다.

1. 필름통을 반으로 자르세요.

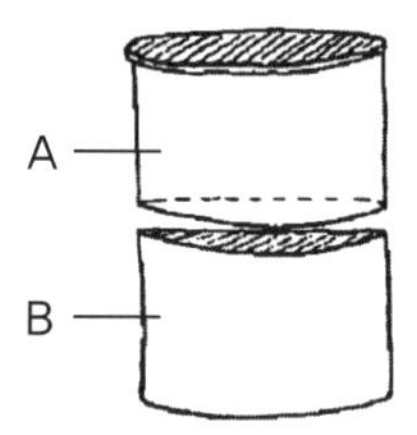

2. 송곳이나 꼬챙이로 병뚜껑에 직경 0.5cm의 구멍을 뚫으세요.

3. 가위로 병뚜껑 테두리를 잘라 버리세요. 그래야 병뚜껑이 필름통 안에 잘 들어가요.

4. 물에 적신 3cm 길이의 심지를 고리 모양으로 병뚜껑의 구멍에 넣으세요.

5. 뚜껑에 흙을 채우고 심지에서 물방울이 떨어질 때까지 충분히 물을 부으세요. 작은 양치식물이나 우산이끼 같은 이끼류에는 증류수가 좋아요.

6. 이제 작은 식물을 병뚜껑에 심으세요.
아래 그림처럼 필름통 B에 병뚜껑 화분이 절반 정도 걸치도록 끼우고 필름통 A도 병뚜껑 화분에 절반 정도 걸치도록 끼우세요.
필름통 뚜껑에 몇 개의 공기구멍을 뚫고 뚜껑을 닫으세요. 필름통 뚜껑 대신 필름통으로 만든 돋보기를 달면 식물을 더욱 자세히 관찰할 수 있답니다.

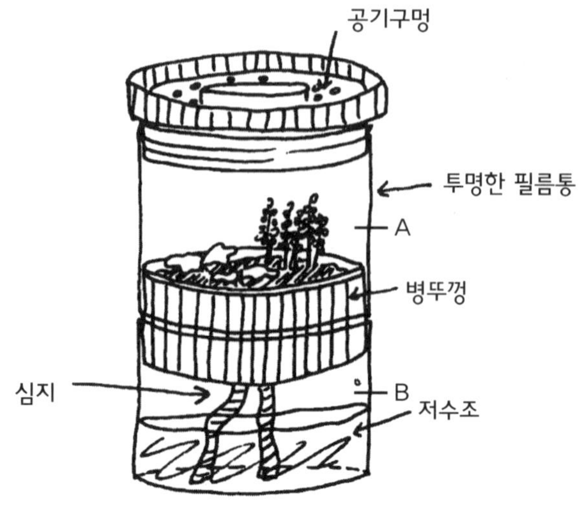

생육 상자

햇빛이 잘 들지 않는 장소라도 생육 상자를 만들면
장소에 관계없이 식물을 푸르게 잘 키울 수 있어요.

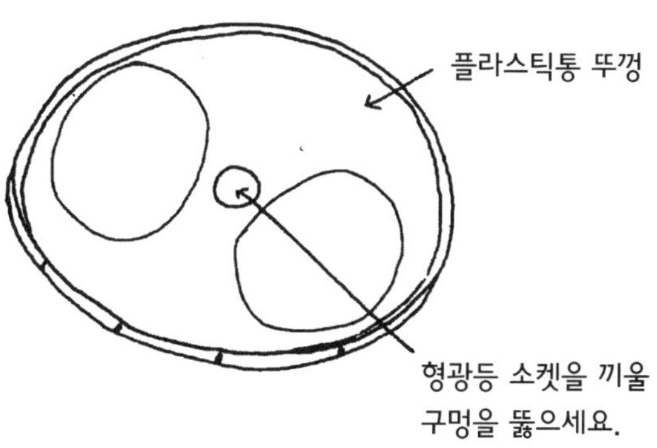

1. 환기구 만들기

플라스틱통 아래쪽에 공기가 잘 통하도록 직경
7~8cm의 환기구를 마주보도록 2개 뚫으세요. 환
기구를 만들 때는 우선 드릴이나 송곳으로 구멍을
내세요. 그리고 날카로운 칼이나 톱을 넣어 잘라
내는데 이때 손이 다치지 않도록 조심해야 돼요.

뚜껑에도 7.5cm 직경의 구멍 2개를 나란히 마주
하도록 뚫으세요. 구멍과 구멍 사이에는 형광등
소켓을 끼울 구멍을 뚫으시고요.

이 4개의 구멍들이 공기를 잘 순환시켜 생육 상자
안의 온도를 실내 온도(18~24℃)에 가깝게 유지시
켜 줄 거예요.

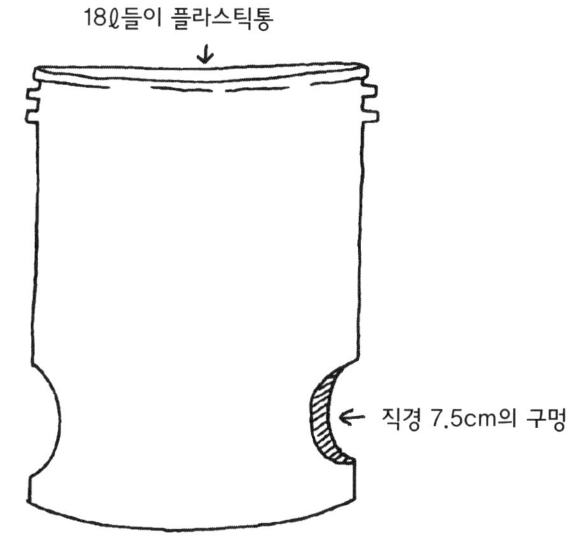

2. 전등 설치

전등을 설치하려면 뚜껑에 형광등 소켓이 잘 끼워지도록 적당한 크기의 구멍을 뚫어야 해요. 그리고 전선과 플러그를 연결하고 소켓에 형광등을 끼우세요(전등을 설치하기가 어려우면 이 부분은 선생님께 부탁하거나 전파사에 부탁하세요).

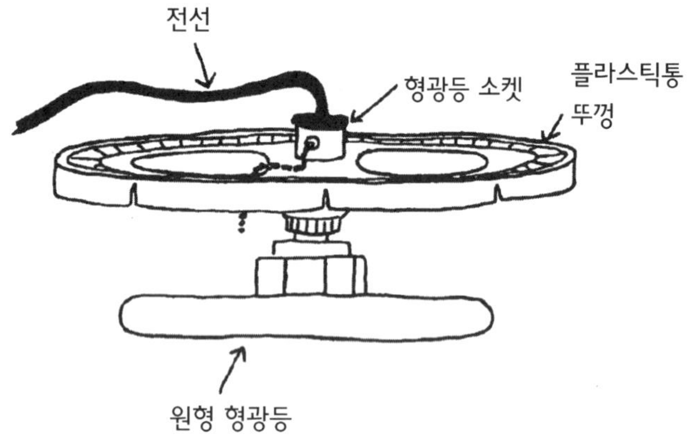

3. 문 달기

뚜껑의 구멍으로도 식물을 관리할 수 있지만 플라스틱통 옆면에 문을 만들면 보기에도 좋고 작업하기도 훨씬 쉬워요. 문은 플라스틱통 아랫부분에 20cm×26cm 정도의 크기로 만들어 주면 돼요. 문은 한쪽을 넓은 테이프로 붙이거나 작은 경첩을 달아 쉽게 여닫을 수 있도록 하세요.

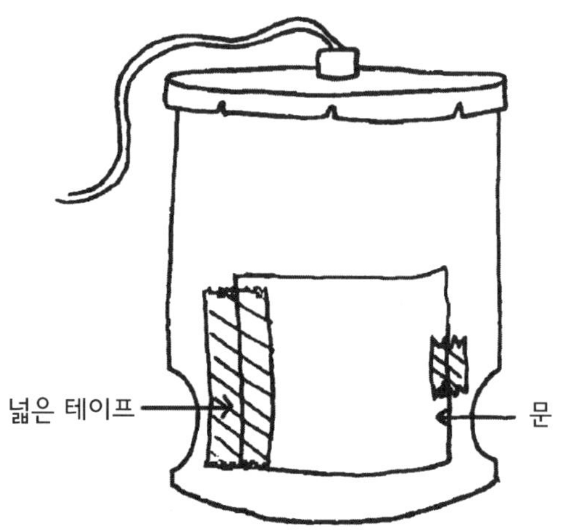

4. 화분 배치

병으로 만든 저수조나 식물이 들어 있는 병은 가능한 한 전등 가까이에 놓으세요. 그래야 식물이 빛을 충분히 받을 수 있어요. 병 바닥을 쌓아서 만든 화분을 놓아도 되는데 이때 화분들은 형광등에서 2~4cm 정도는 거리를 두도록 하세요.

병으로 만든 도구와 기구

기술이 고도로 발달한 시대에 살기 때문에 우리는 때때로 실험이나 탐험에 사용되는 일상적인 도구들을 하찮게 여기는 경우가 있어요.

위대한 발명가나 과학자는 항상 무언가를 열심히 관찰하지요. 그리고 아무리 하찮은 물건일지라도 그것을 이용하여 무언가를 만들어 내요. 예를 들어, 떨어지는 사과를 보고 '만유인력' 법칙을 생각해 낸 뉴턴을 생각해 보세요.

다음에 소개되는 도구들은 모두 병이나 필름통을 이용하여 만든 도구들이에요. 이것들은 여러분이 무언가를 관찰하거나 측정할 때 또는 무언가의 무게를 달거나 시간을 잴 때 아주 유용할 거예요.

우선 필름통으로 돋보기를 만들어 보기로 해요. 그리고 이 돋보기로 「테라륨」과 「어항」을 관찰해 보세요. 이제 쓰레기가 보물로 바뀌는 놀라운 광경을 보게 될 거예요.

만들어 보기 — 필름통 돋보기

재료

- 실
- 투명한 필름통 1개
- 병뚜껑 1개
- 직경이 28mm 정도 되고 초점거리가 59mm인 볼록렌즈. 렌즈는 필름통보다 크기가 약간 작아야 해요. 유리나 플라스틱으로 된 볼록렌즈는 문방구나 과학재료상에서 쉽게 구할 수 있어요.
- 필요한 도구들(14쪽 참고)

1. 병뚜껑에 직경 20mm의 구멍을 뚫으세요. 그리고 병뚜껑 아랫부분의 테두리를 가위로 잘라 내세요. 그래야 병뚜껑이 필름통에 잘 들어가거든요.

2. 필름통 밑바닥에도 역시 직경 20mm의 구멍을 뚫으세요(준비한 렌즈가 작으면 구멍도 그만큼 작게 만들면 돼요).

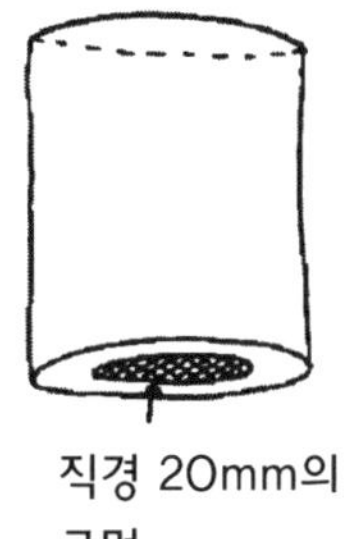

3. 필름통을 바로 세운 후 필름통에 렌즈, 병뚜껑 순서로 밀어 넣으세요(렌즈를 쉽게 끼우려면 필름통 옆면에 오른쪽 그림처럼 적당한 크기의 구멍을 뚫으세요). 이때 필름통 밑바닥과 렌즈 그리고 병뚜껑이 서로 밀착되도록 하세요. 필름통 옆면에 작은 구멍을 2개 뚫어 실로 연결하면 목에 걸 수도 있지요. 필름통 뚜껑을 닫고 필요할 때만 열어서 보세요.

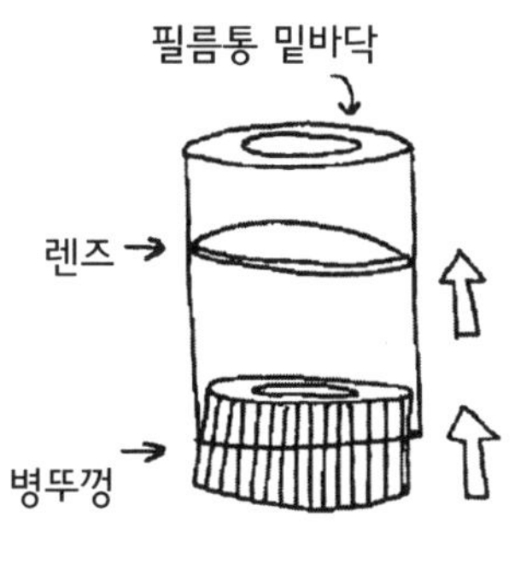

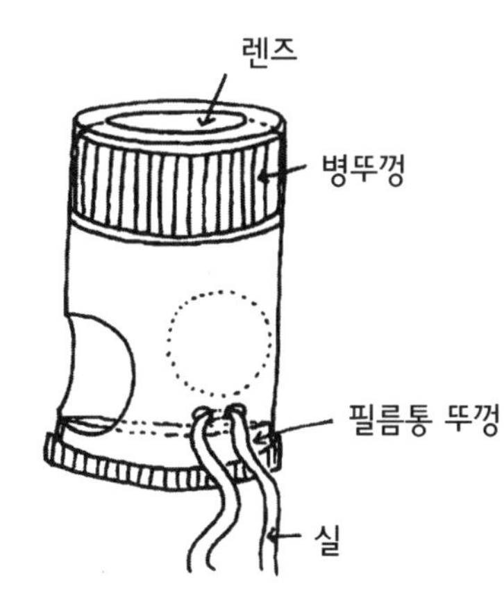

테라륨

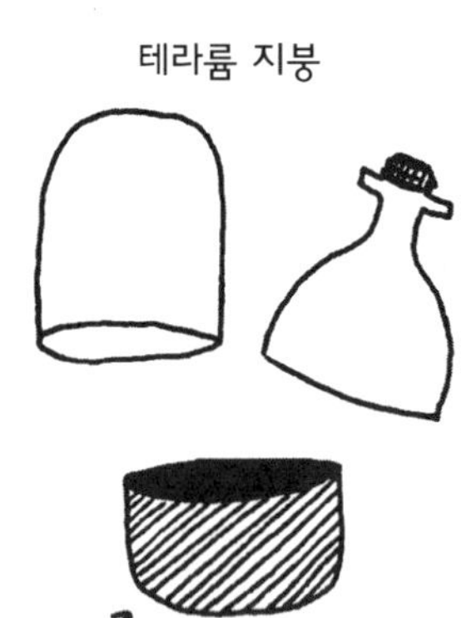

1. 병의 상표와 바닥을 떼어 내세요.

2. 병의 중간을 잘라 내면 병의 윗부분과 아랫부분으로 나뉘는데 아랫부분이나 윗부분 중 마음에 드는 것을 골라 테라륨의 지붕으로 쓰세요. 바닥이 없는 병을 사용하는 경우에는 밑이 잘록해지는 부분에 끼울 플라스틱판을 준비하세요.

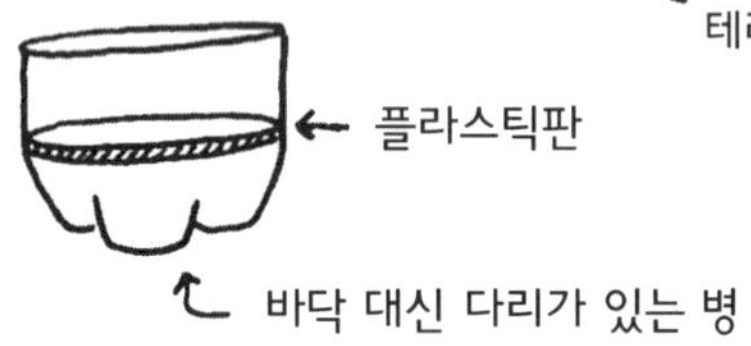

3. 지붕에 원하는 모양으로 공기구멍을 여러 개 뚫으세요. 테라륨 안이 너무 습하면 구멍 수를 늘여야 해요. 지붕이 바닥에 잘 끼워지도록 지붕 아랫부분에 3cm 길이로 칼집을 내세요.

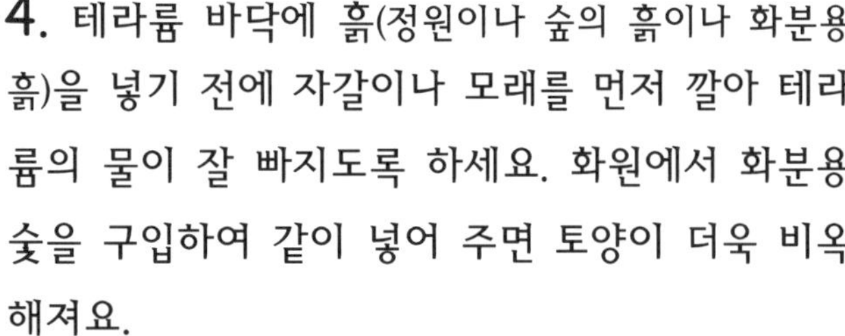

4. 테라륨 바닥에 흙(정원이나 숲의 흙이나 화분용 흙)을 넣기 전에 자갈이나 모래를 먼저 깔아 테라륨의 물이 잘 빠지도록 하세요. 화원에서 화분용 숯을 구입하여 같이 넣어 주면 토양이 더욱 비옥해져요.

5. 식물이나 씨앗을 심으세요. 처음에는 물을 흠뻑 주어야 하지만 다음부터는 테라륨 내부가 아주 건조해지지 않는 한 많이 주지 않아도 돼요.

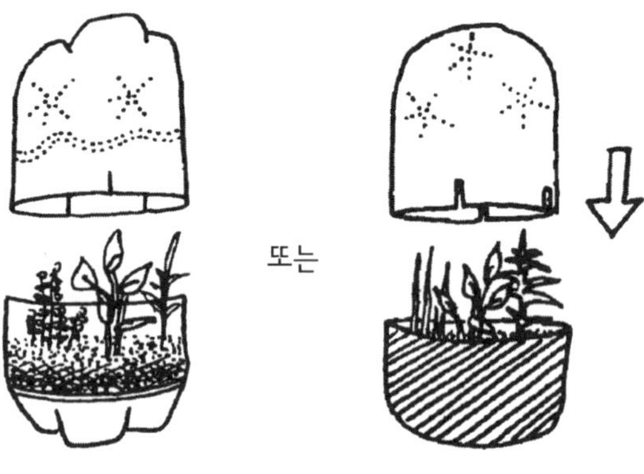

테라륨에서 키우기 쉬운 식물들

테라륨에서 키우기에는 잎이 작고 천천히 자라는 제라늄이나 꿀풀 들이 좋아요. 이끼나 양치식물도 좋고 애기눈물, 아프리칸바이올렛, 연백초 등도 적당하답니다. 단, 양치식물이나 이끼류는 증류수나 빗물을 주어야 잘 자라요.

건조한 사막과 같은 「테라륨」을 만들려면 물이 잘 빠지도록 모래가 많이 섞인 흙을 넣으세요. 키울 식물로는 돌나물이나 꿩의비름 또는 작은 선인장이 좋고요.

어항

1. 병의 상표를 떼어 내세요.

재료

- 2ℓ 병 1개
- 뚜껑으로 쓸 다른 병에서 떼어 낸 바닥 또는 플라스틱 그릇
- 필요한 도구들(14쪽 참고)
- 물(연못물이나 호수 물)과 수생생물

2. 병의 어깨에서 1~2cm 위를 잘라 내세요. 어항 지붕은 다른 병에서 떼어 낸 바닥이나 플라스틱 그릇을 사용하고 거기에 공기구멍을 뚫어 놓아야 해요.

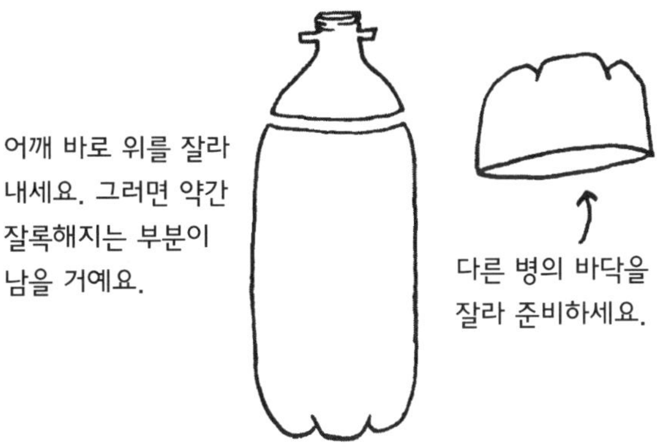

어깨 바로 위를 잘라 내세요. 그러면 약간 잘록해지는 부분이 남을 거예요.

다른 병의 바닥을 잘라 준비하세요.

3. 어항 바닥에는 모래나 연못 바닥에서 퍼 온 흙을 깔아 주세요. 그리고 연못이나 호수에서 떠 온 물을 부으세요. 그 물에는 수돗물보다 미생물들이 더 많이 살고 있어요.

어항에 달팽이, 개구리밥, 조류, 붕어마름, 송사리 등의 작은 수생생물들을 넣어 주세요.

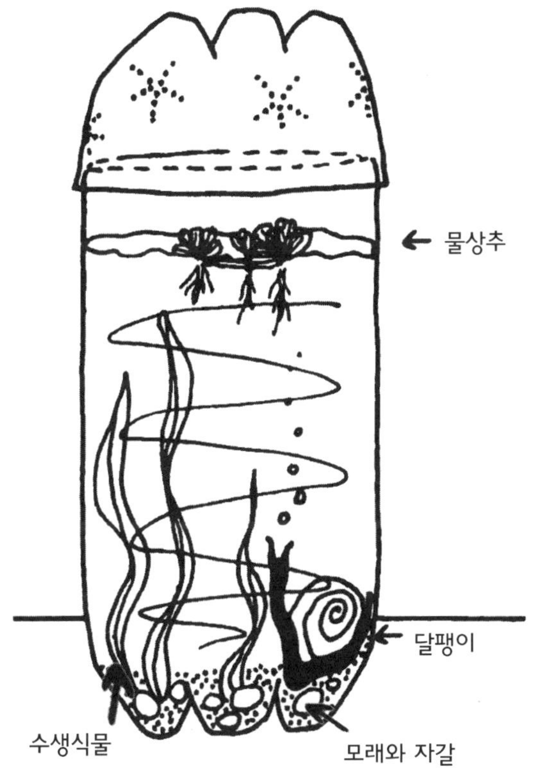

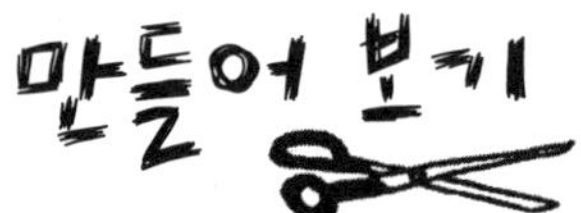

페트병 현미경

- 투명한 1ℓ 병 1개
- 프로판가스토치나 알코올램프 또는 양초
- 17~20mm 직경의 시험관
- 알루미늄
- 대나무 꼬챙이
- 벨크로테이프(일명 '찍찍이 테이프')
- 중간 부분의 직경이 20mm 정도인 고무마개 2개
- 9cm 직경의 플라스틱 페트리접시 4개
- 35mm 필름통 1개
- 슬라이드글라스
- 22~29mm 직경의 5배 렌즈(렌즈는 문방구나 과학재료상에서 쉽게 구할 수 있어요)
- 필요한 도구들(14쪽 참고)

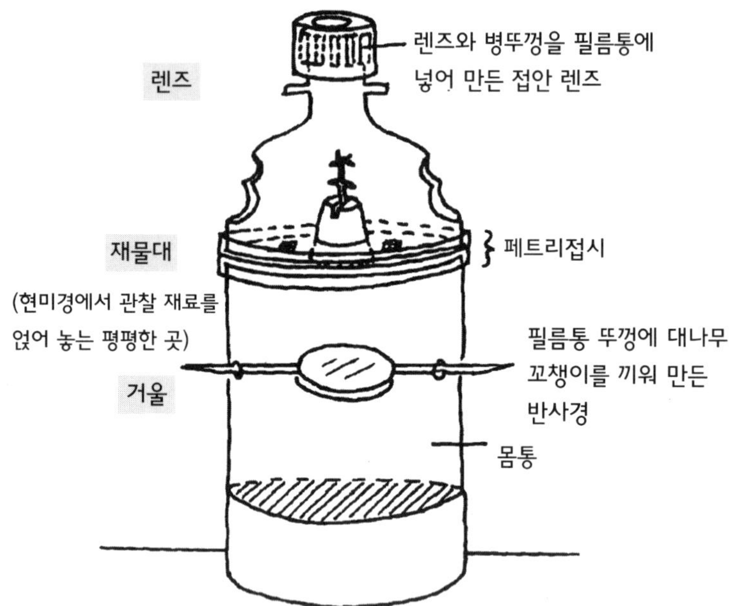

3. 고무마개에 1cm 깊이로 칼집을 내세요. 그리고 이것을 페트리접시 구멍에 단단히 끼우세요. 표본은 고무마개의 칼집에 끼워 관찰할 거예요.

1. 병의 상표를 떼어 내고 어깨에서 2~3cm 아래를 잘라 내세요.

2. 프로판가스토치나 알코올램프 또는 양초로 시험관 입구에 열을 가하세요. 그리고 뜨겁게 달구어진 이 시험관으로 등을 맞댄 2개의 페트리접시 중앙에 구멍을 뚫으세요. 시험관의 열 때문에 녹은 부분은 서로 잘 붙을 거예요.

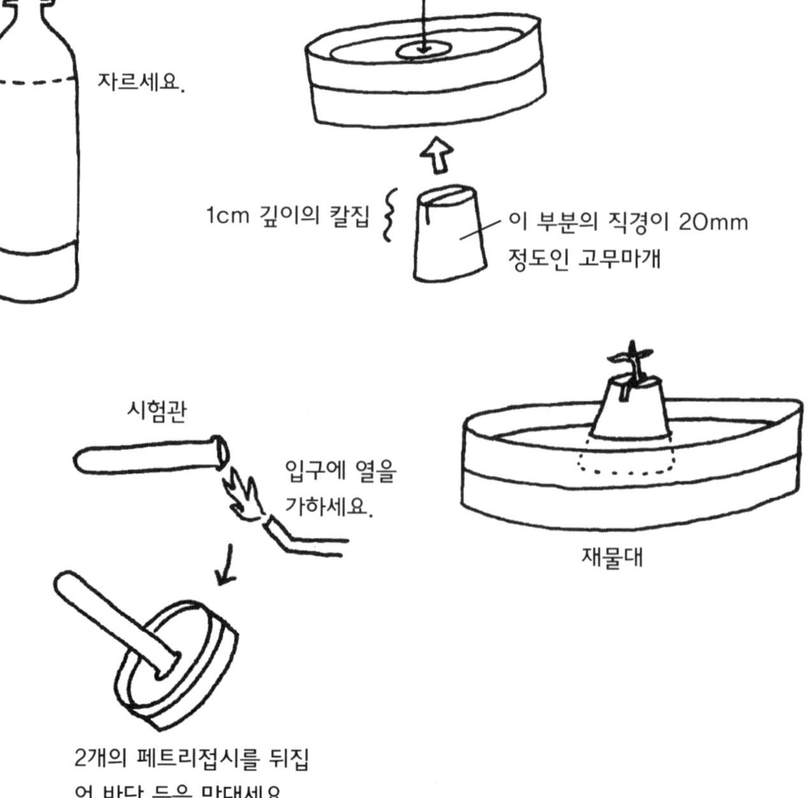

4. 고무마개를 반으로 자르세요. 벨크로테이프 양쪽을 고무마개의 아랫면과 페트리접시의 구멍 옆에 각각 붙이고 그림처럼 고무마개 위에 슬라이드글라스를 올려놓으세요. 이 슬라이드글라스 위에 표본을 놓고 관찰할 거예요.

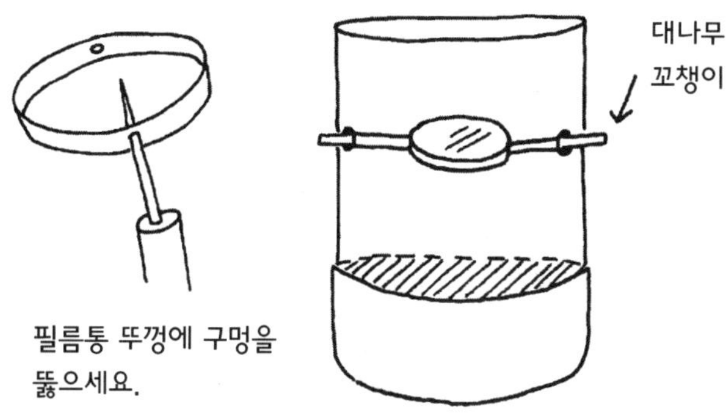

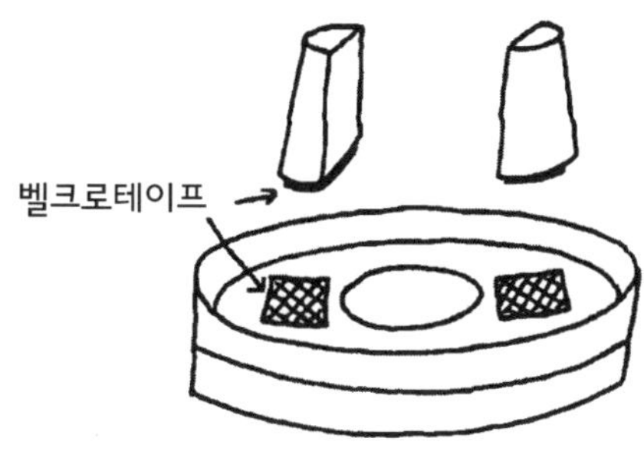

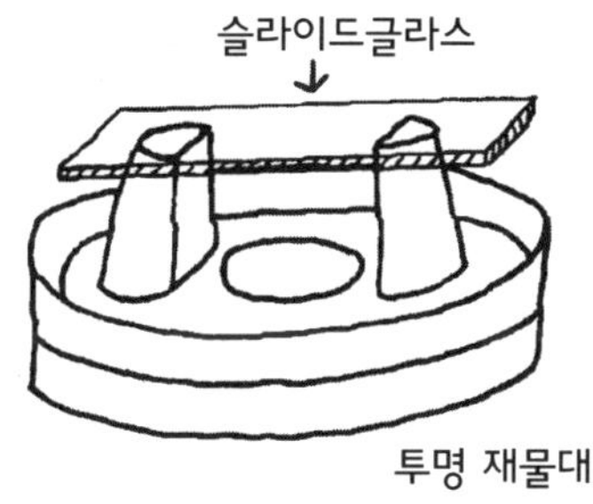

5. 필름통 뚜껑 테두리에 서로 마주보도록 2개의 구멍을 뚫으세요. 필름통 뚜껑에 알루미늄을 싸거나 동그랗게 오려 붙이세요. 그리고 조금 전에 뚫어 놓은 그 구멍에 대나무 꼬챙이를 끼우세요.

옆 그림처럼 병의 몸통 중간쯤에 서로 마주보도록 2개의 구멍을 뚫고 그곳에 필름통 뚜껑을 끼운 대나무 꼬챙이를 끼우세요.

6. 필름통 밑바닥과 병뚜껑에 20mm 직경의 구멍을 뚫으세요. 필름통은 밑바닥에서 1.5cm 위를 잘라 내세요. 그리고 나서 24~29mm 직경의 렌즈를 아래쪽 필름통 안에 넣고 병뚜껑으로 눌러 주세요. 이보다 작은 렌즈는 구멍으로 빠지는 경우도 있으니 주의하세요.

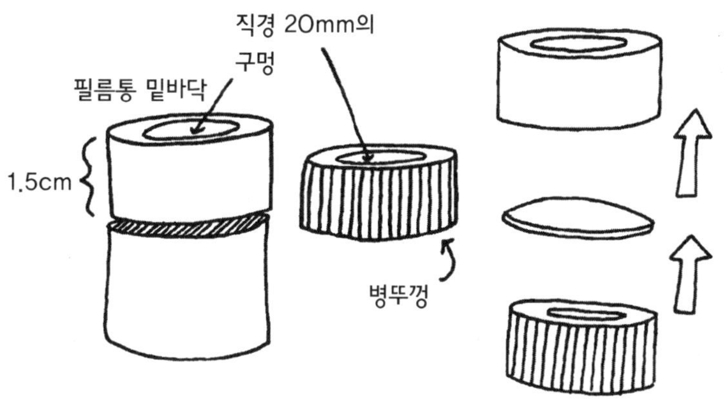

7. 시험관을 다시 달구어 병 윗부분에 그림과 같이 눈사람 모양으로 구멍을 뚫으세요. 이 구멍으로 핀셋이나 다른 도구를 이용하여 관찰 재료를 조작할 거예요. 현미경 조립은 120쪽 맨 위 그림을 참고하세요.

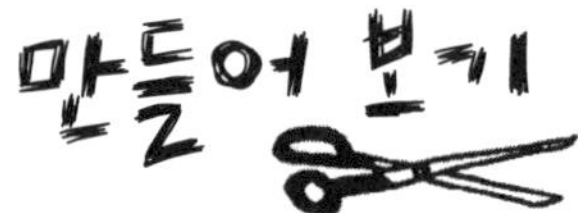

만들어 보기
필름통 현미경

이 현미경은 「필름통 돋보기」와 비슷하지만 작은 표본을 끼워 놓고 관찰할 수 있는 재물대가 있어요.

1. 투명한 필름통의 밑바닥과 옆면 그리고 병뚜껑에 직경 20mm의 구멍을 각각 뚫으세요. 병뚜껑 아랫부분의 테두리는 가위로 잘라 버리시고요. 그림처럼 필름통 안에 렌즈와 병뚜껑을 넣어 단단히 고정하세요.

필름통 현미경을 목걸이로 만들어 걸고 다닐 수도 있어요.

3. 고무마개 직경이 작은 쪽에 1cm 깊이로 칼집을 내세요. 그러고 나서 고무마개 직경이 넓은 쪽을 세게 누르면 칼집 낸 부분이 벌어져 꽃이나 곤충 등 관찰하려는 표본을 끼울 수 있을 거예요. 필름통 현미경을 조립하는 순서는 아래 그림과 같아요.

2. 검은색 필름통 뚜껑에 직경 20mm의 구멍을 뚫으세요. 진주핀 3개를 뚜껑 테두리를 따라 일정한 간격으로 꽂으세요. 그리고 3번 그림처럼 투명한 필름통을 진주핀 위에 잘 끼우세요.

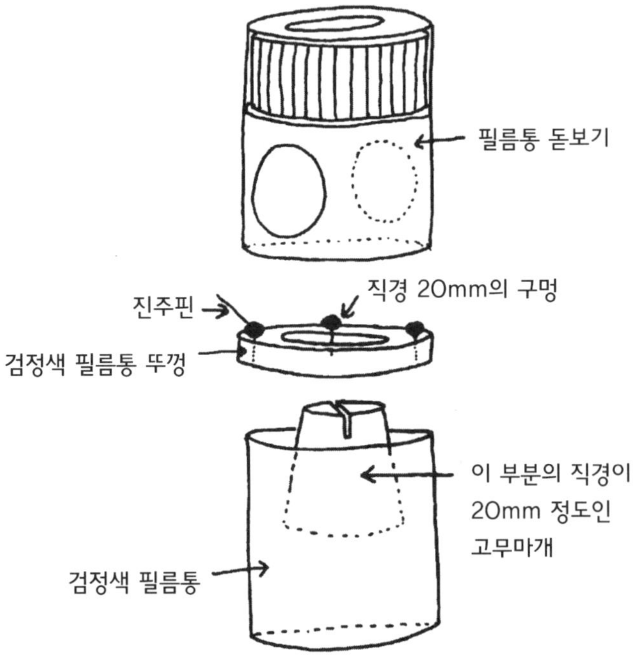

페트병 저울

1. 2개의 병 모두 상표와 바닥을 떼어 내세요(같은 종류의 병이 없거나 페트병이 없으면 같은 모양의 그릇을 사용하세요).

2. 나무판이나 플라스틱판의 한가운데에 둥근 연필이나 대못을 테이프나 접착제로 단단히 붙이세요.

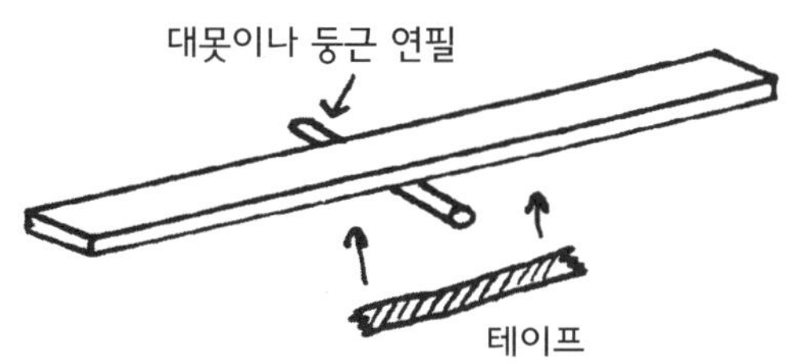

3. 저울의 계량대로 사용할 병 바닥이나 같은 모양의 그릇을 서로 마주보도록 나무판 또는 플라스틱판 위에 나사못과 와셔로 고정하세요. 이때 각 계량대는 중앙으로부터 같은 거리에 있어야 해요. 나사못은 병 바닥에 원래 있던 구멍에 넣고 조이세요.

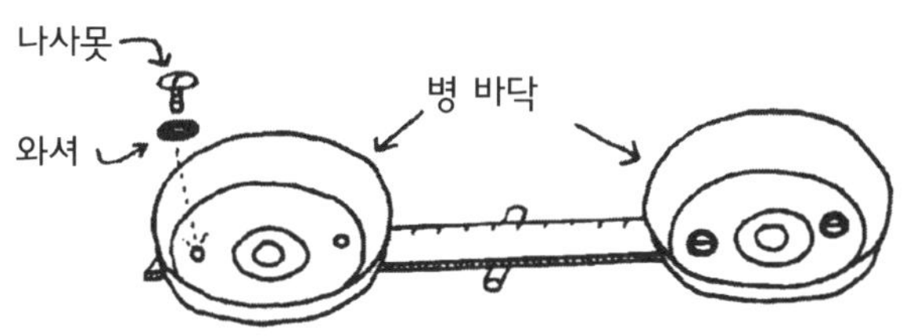

4. 벨크로테이프를 계량대와 계량컵의 밑바닥에 붙이세요.

병으로 만든 계량컵 대신 과학재료상에서 파는 메스실린더를 사용해도 돼요(125쪽 참고).

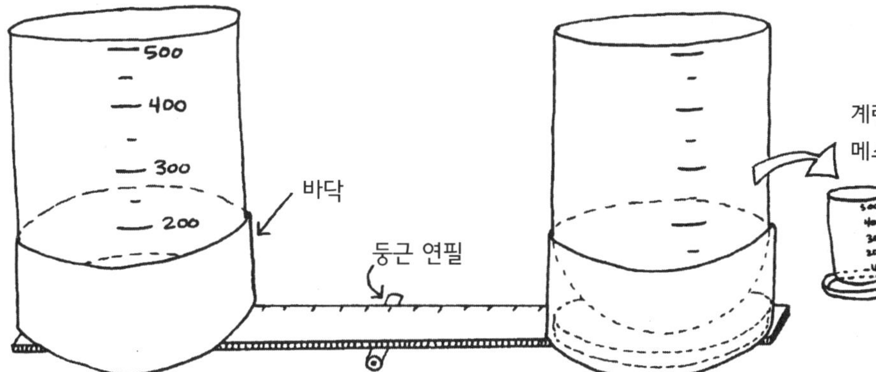

페트병 시계

재료

- 뚜껑이 있는 1ℓ 병(작아도 상관없어요) 2개
- 소금이나 깨끗한 모래
- 필름통 1개
- 필요한 도구들(14쪽 참고)

1. 2개의 병 모두 상표를 떼어 내세요. 1개의 병에는 소금이나 깨끗한 모래를 3/4 정도 채우세요.

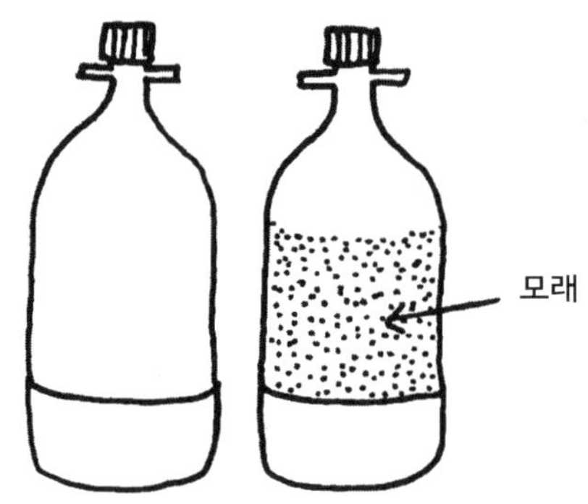

2. 2개의 병뚜껑에 같은 크기로 구멍을 뚫어 각각의 병에 끼우세요.

3. 밑바닥을 잘라 낸 필름통으로 병뚜껑들을 서로 연결하고 이것들을 테이프로 단단히 고정하세요.

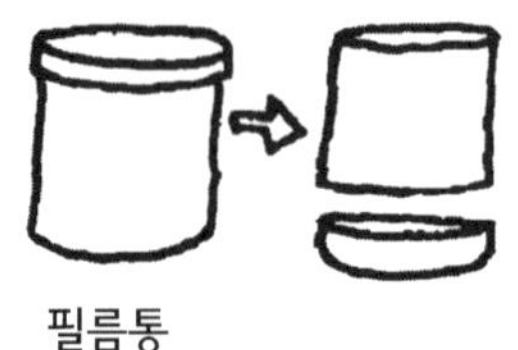

관으로 쓸 수 있도록 막혀 있는 밑부분을 잘라 내세요.

여러분이 만든 시계는 얼마나 정확한가요? 이 시계와 진짜 시계를 비교해 보세요. 이 시계의 시간은 병뚜껑의 구멍 크기에 따라 달라져요. 병뚜껑과 병뚜껑 사이에 여러 크기의 구멍을 뚫은 마분지로 만든 조절 밸브를 끼우면 다양한 시간을 측정할 수 있어요.

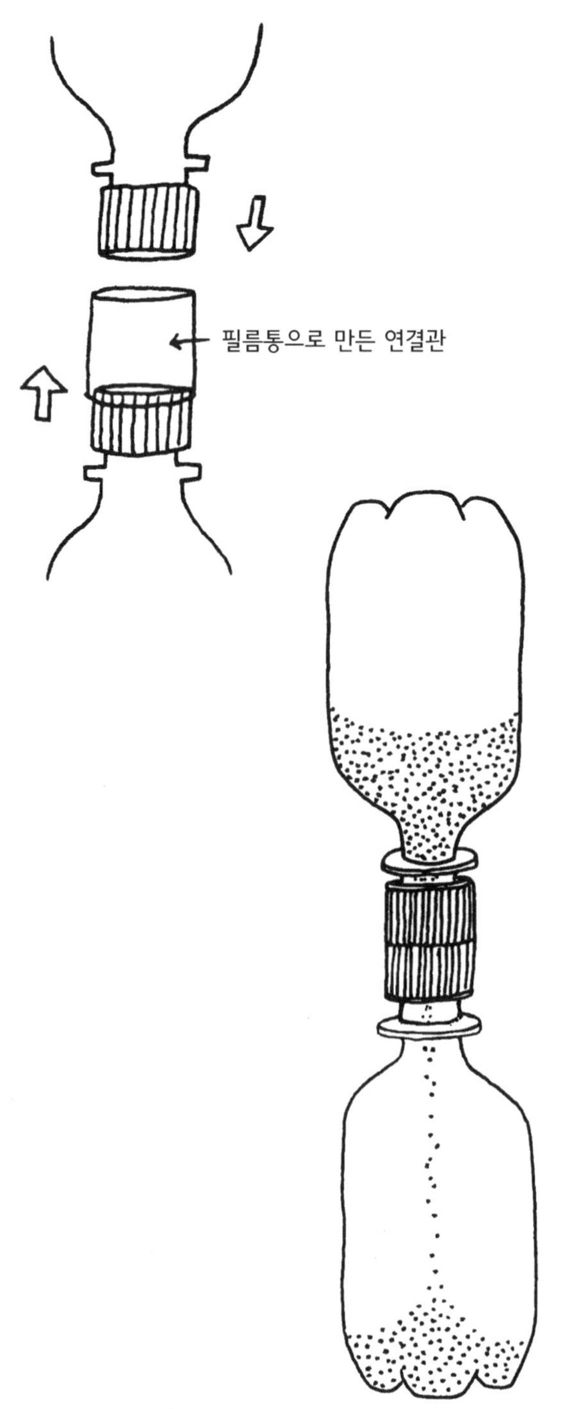

재활용품으로 만들 수 있는 다른 도구들

집게

물뿌리개

계량컵 만들기

병 1ℓ는 정확히 1,050㎖예요. 병으로 계량컵을 만들려면 정확히 계량할 수 있는 메스실린더나 다른 측정 기구를 이용하여 한 번에 50㎖씩 물을 부으세요. 500㎖가 될 때까지 유성사인펜으로 병 몸통 옆면에 계속 표시하세요. 그리고 500㎖로 표시된 곳에서 병을 적당히 잘라 내면 훌륭한 계량컵이 된답니다.

병 윗부분은 뚜껑을 닫아 계량 깔때기로 사용하세요. 이때 용량 표시는 병뚜껑에서 위로 올라가면서 하세요. 계량을 하고 뚜껑을 열면 원하는 장소에 물을 붓기도 편하지요.

일단 계량컵 1개가 완성되면 같은 종류의 병을 옆에 놓고 똑같은 위치에 용량 표시를 할 수 있어 여러 개의 계량컵을 쉽게 만들 수 있지요.

필름통 손전등

털실병

병의 바닥으로 만든 관찰접시